Shi-Li Xiang
Jun Liu
Hong Yin

Material funcional baseado em hexa-arilbiimidazol foto-comutável

ScienciaScripts

Imprint

Cover image: www.ingimage.com

This book is a translation from the original published under ISBN 978-620-6-77450-1.

Publisher:
Sciencia Scripts
is a trademark of
Dodo Books Indian Ocean Ltd. and OmniScriptum S.R.L publishing group

120 High Road, East Finchley, London, N2 9ED, United Kingdom
Str. Armeneasca 28/1, office 1, Chisinau MD-2012, Republic of Moldova, Europe
Printed at: see last page
ISBN: 978-620-8-25368-4

Shi-Li Xiang
Jun Liu
Hong Yin

Material funcional baseado em hexa-arilbiimidazol foto-comutável

Conteúdo

Sobre os autores

O Prof. Shi-Li Xiang obteve o grau de doutoramento (2021) no Laboratório Nacional de Optoelectrónica de Wuhan na Universidade de Ciência e Tecnologia de Huazhong (HUST). Depois disso, juntou-se ao Laboratório JFS como diretor de I&D da tecnologia de litografia. Atualmente, a sua investigação centra-se principalmente no desenvolvimento de tecnologia avançada de litografia, bem como no desenvolvimento de materiais-chave para semicondutores. Os resultados da sua investigação foram publicados em prestigiadas revistas internacionais, como *Nano Energy*, *Chemical Engineering Journal* e *Chemistry Of Materials*.

O Prof. Jun Liu obteve o seu doutoramento em engenharia eléctrica e eletrónica na Universidade da Cidade de Hong Kong (2014). O Dr. Liu juntou-se ao Laboratório JFS como diretor do centro de processamento. Atualmente, é o principal responsável pelo fabrico, processamento e caraterização de semicondutores compostos. Os resultados da sua investigação foram publicados em prestigiadas revistas internacionais, como *Nanomaterials*, *Applied Physics Letters* e *ACS Applied Polymer Materials*.

O Prof. Hong Yin obteve o grau de doutor em ciência e tecnologia electrónicas em 2017. É atualmente bolseiro Marie Curie no Laboratório Ibérico Internacional de Nanotecnologia, centrando-se na investigação em tecnologia de electrólitos de estado sólido. As suas principais áreas de investigação incluem o desenvolvimento de novos mecanismos e métodos para materiais compósitos nanofuncionais, e a exploração das suas aplicações em baterias de iões metálicos, dispositivos optoelectrónicos e outros campos. Liderou cinco projectos, incluindo os financiados pelas acções Marie Curie da União Europeia e pela Fundação Nacional de Ciências Naturais da China. A sua investigação resultou na publicação de mais de 50 artigos em revistas internacionais de prestígio, como *Advanced Science*, *Advanced Energy Materials* e *Nano Energy*.

CAPÍTULO 1

Cisão induzida por luz visível e cicatrização rápida de elastómeros de poliuretano com base em unidades de hexa-arilbiimidazol foto-comutáveis

1.1 Introdução

Para desenvolver novos dispositivos flexíveis que imitem as funções da pele biológica viva e dos sistemas musculares, estão a surgir continuamente materiais dinâmicos que podem exibir propriedades reversíveis e que possuem aplicações generalizadas que vão desde a auto-cura à engenharia mecânica [1-3]. Estes materiais biomiméticos têm o potencial de revolucionar tecnologias como os manipuladores, os actuadores e os robôs inteligentes [4,5]. Recentemente, foram desenvolvidas várias abordagens para fabricar esses materiais biomiméticos com base no mecanismo de clivagem e recombinação reversíveis. Uma via frequentemente utilizada consiste em utilizar o princípio das reacções não covalentes [6], como as ligações de hidrogénio [7,8], as interações electrostáticas [9], as interações metal-ligante [10, 11] e mesmo as interações de van der Waals [12,13]. Outra estratégia importante utiliza a química covalente dinâmica [14,15]. As ligações covalentes dinâmicas acedem geralmente à sua reversibilidade na presença de estímulos externos (calor, luz, químicos, etc.), o que significa que as propriedades dos materiais podem ser artificialmente controladas através de concepções moleculares racionais. Esta capacidade de dissociação/associação reversível das ligações covalentes dinâmicas facilita o desenvolvimento de polímeros dinâmicos funcionais [16], que podem alterar a sua microestrutura e converter esta resposta microscópica num nível macroscópico [17,18]. Estão a ser desenvolvidos numerosos esforços para desenvolver materiais termo-reversíveis ou foto-reversíveis com unidades covalentes dinâmicas [19-21]. Os materiais dinâmicos com propriedades foto-reversíveis são preferidos pelos investigadores porque as luzes são fáceis de modular com precisão e rapidez e podem também ser aplicadas à distância, em comparação com o calor [22-24]. Em especial, a luz visível é uma condição de ativação facilmente disponível e suave para aplicações práticas [25]. No entanto, o desenvolvimento de materiais inteligentes baseados na desdimerização reversível induzida pela luz visível continua a ser insuficiente.

Uma das propriedades mais extraordinárias dos materiais biomiméticos é a capacidade de reparar os danos causados pela exposição a determinados factores ambientais. A capacidade de auto-cura é uma das

das propriedades mais desejáveis para os materiais ou dispositivos avançados. É interessante que o tempo de vida e a fiabilidade dos materiais/dispositivos possam ser substancialmente melhorados, uma vez que as suas estruturas e propriedades originais se mantêm após a cicatrização. Foram envidados muitos esforços para desenvolver materiais que pudessem curar-se a si próprios após danos provocados por irradiação luminosa, com base na dissociação/re-formação reversível de ligações dinâmicas (por exemplo, cinamato, cumarina, derivados do antraceno) e na metatese fotomediada (por exemplo, dissulfuretos, dissulfuretos de tiurame, sulfuretos de alilo, tritiocarbonatos) [1,2,26-28]. Limitada pelas propriedades da estrutura foto-dinâmica ou pelo mecanismo de foto-mediação, a cicatrização foto-induzida provou ter normalmente taxas de resposta limitadas e requer normalmente irradiação com comprimentos de onda UV mesmo durante horas [27]. Bowman e colaboradores [29-31] desenvolveram um conceito de plasticidade fotoinduzida, utilizando os fotoiniciadores

residuais na matriz polimérica preparada para induzir a troca reversível de ligações de sulfureto de alilo mediada por radicais (com base na transferência de cadeia de fragmentação por adição). A foto-plasticidade foi utilizada para conseguir o relaxamento da tensão, a atuação e até o controlo do alinhamento líquido-cristalino nas redes de polímeros reticulados [29-31]. Devido ao consumo de fotoiniciadores após cada irradiação UV, a foto-responsividade destes materiais é irreversível em grande medida. Além disso, a sua capacidade de cicatrização foto-induzida baseada na plasticidade foto-induzida não foi estimada ou não foi observada. Muito recentemente, o hexa-arilbisimidazol (HABI), uma molécula fotocromática típica e altamente eficiente, foi considerado uma potencial nova unidade foto-dinâmica em redes poliméricas [32-34]. O HABI sofre uma clivagem homolítica foto-induzida da ligação covalente C-N dinâmica de dois trifenilimidazóis após irradiação luminosa, dando origem a um par de radicais trifenilimidozole isolados (TPIRs), que são relativamente estáveis em relação ao ar e à água, e podem ser reacoplados reversivelmente entre si, voltando à estrutura dimérica inicial do HABI espontaneamente à temperatura ambiente [35-39]. Honda e Toyota relataram a metamorfose, sem solventes, desencadeada por luz UV de um polímero macio com um módulo de armazenamento de cerca de 1 kPa baseado em HABI, que foi formado pela oxidação dos precursores em forma de estrela contendo grupos terminais de trifenilimidazol [35]. Scott e co-autores [27] referiram pela primeira vez que os géis húmidos à base de HABI, com uma resistência à tração de cerca de 80 kPa, apresentavam uma propriedade de cicatrização mediada por luz visível de 405 nm em vários minutos. Nos nossos trabalhos anteriores [23], os elastómeros sem solventes contendo reticulantes HABI com uma resistência à tração tão elevada como 1,5 MPa foram construídos para alcançar a transformação fotoplástica e também apresentam propriedades de cicatrização fotográfica após irradiação de luz visível. No entanto, juntamente com o aumento da resistência à tração dos materiais, o tempo de cicatrização foto-induzido foi correspondentemente aumentado até
12 horas. Além disso, para estes sistemas reticulados relativamente complexos, não foi fácil evidenciar diretamente o mecanismo de auto-regeneração. De facto, a integração de uma excelente capacidade de cicatrização foto-induzida e de propriedades mecânicas para materiais robustos cicatrizáveis é uma tarefa difícil [40]. Os elastómeros robustos sem solventes com propriedades cicatrizáveis são mais desejáveis nos domínios da engenharia [41,42], enquanto os géis moles têm grande potencial como biomateriais [43-45]. Espera-se que a introdução de unidades HABI reversíveis induzidas por luz visível nos elastómeros de poliuretano termoplástico (TPU) robustos, cujas cadeias principais de polímero são lineares, permita obter uma capacidade de cicatrização rápida com um mecanismo molecular inequívoco, propriedades mecânicas moderadas e mesmo outras acções biomiméticas, como a fratura foto-induzida [40]. No entanto, até à data, os materiais inteligentes baseados em HABI foram raramente referidos.

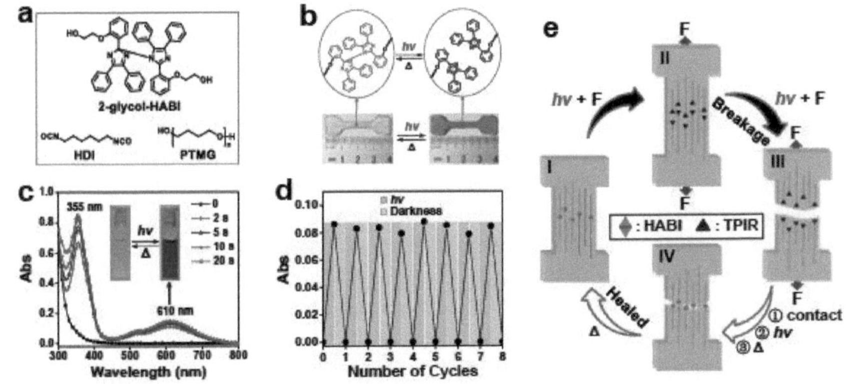

Fig. 1-1 Conceção, fotocromismo e caraterização do elastómero linear HABI-PU. (a) Estruturas dos monómeros utilizados para a copolimerização. Interruptor molecular fotocrómico decorado com di-hidroxilo (2-glicol-HABI), poli(tetrametileno éter glicol) (PTMG), diisocianato de hexametileno (HDI). (b) Representação esquemática da fotoclavagem reversível e da recombinação da ligação covalente C-N no HABI, que é visualizada como uma mudança de cor amarelo/azul, e fotocromismo de materiais poliméricos HABI-PU em forma de haltere após irradiação laser de 405 nm durante 10 s. (c) Espectros UV-vis de 2-glicol-HABI em solução de THF após vários tempos de irradiação de 405 nm 4 (concentração [c] = 5×10^{-5} mol/L e potência ótica da luz de excitação é de cerca de 42 mW), e no interior de (c) está a fotografia de 2-glicol-HABI em solução de THF antes e depois da irradiação de 405 nm. (d) Alteração reversível da absorvância medida a 610 nm de HABI-PU após irradiação alternada de 405 nm e processos de recuperação térmica. Áreas cor-de-rosa: irradiação durante 10 s. Áreas verdes: após remoção do laser de 405 nm. (e) Esquema dos comportamentos de fratura foto-induzidos dos elastómeros HABI-PU quando carregados com peso por irradiação de luz (Estado I: estado original; Estado II: clivagem foto-induzida de ligações C-N dinâmicas nas espinhas dorsais do polímero HABI-PU e alongamento plástico foto-induzido dos materiais HABI-PU quando carregados com peso; para o Estado III: estado de fratura sob irradiação a longo prazo), e esquema dos elastómeros HABI-PU cicatrizados foto-induzidos (Estado III, Estado IV para o Estado I), Estado III para o Estado IV: as amostras fissuradas foram pressionadas em conjunto (@), seguidas de irradiação (@) e colocadas no escuro (@), indicando a capacidade de cicatrização foto-induzida derivada da clivagem/ativação foto-induzida após irradiação de luz e a recombinação espontânea de C-N à temperatura ambiente. Д representa o processo espontâneo térmico.

Neste contexto, foi concebido e sintetizado um novo tipo de elastómero de poliuretano linear multifuncional (HABI-PU), que apresenta fotocromismo, plasticidade foto-induzida, fratura foto-induzida e comportamentos de cicatrização rápida foto-induzida através da introdução da unidade covalente dinâmica foto-reversível hexaarilbiimidazol (HABI) (Fig. 1-1). O HABI funcionalizado pode ser facilmente incorporado nas cadeias principais do poliuretano (PU) através da conceção do segmento duro. Após a irradiação da luz, as espinhas dorsais dos polímeros que contêm juntas de HABI (HABI-PU) quebram-se em cadeias descontínuas mais curtas com menor peso molecular devido à dissociação reversível da ligação C-N das unidades de HABI. Assim, a tenacidade dos elastómeros HABI-PU (tensão de tração máxima de 1,96 MPa e tensão de fratura de cerca de 580 %) diminuirá, de modo que a deformação plástica foto-induzida ocorre quando se carrega um peso adequado. Os elastómeros podem mesmo romper-se após uma exposição prolongada, à semelhança do comportamento de auto-amputação da cauda da lagartixa (Fig. 1-1e: Estado I a Estado III). Pode ser aplicado nos dispositivos de alarme ou de segurança em muitas situações de perigo, como accionadores foto-controlados, ou ser aplicado no domínio da maquinagem ótica. Por outro lado, a dissociação de cadeias longas de polímeros em cadeias curtas após a irradiação da luz pode facilitar a mobilidade da cadeia e, assim, acelerar o processo de cicatrização quando sem carga (Fig. 1-1e: do estado III ao estado I), o que melhora a reciclabilidade dos materiais. Estes materiais com a propriedade de despolimerização foto-induzida podem ser utilizados em domínios como a eletrónica flexível e os sistemas de pele artificial.

1.2 Secção de experiências

1.2.1 Preparação dos materiais

Salvo indicação em contrário, todos os materiais de base e reagentes foram obtidos de fornecedores comerciais e utilizados sem purificação adicional. O poli(tetrametileno éter glicol) (PTMG: Mn = 1000) foi seco a 70C sob vácuo durante 1 hora antes de ser utilizado. O diisocianato de hexametileno (HDI) e o etilenoglicol foram também secos sob vácuo durante 1 hora antes de serem utilizados. O tetrahidrofurano anidro (THF) foi obtido a partir de um sistema de destilação anidro (SDS). Todas as reacções foram realizadas sob atmosfera de N2, salvo indicação em contrário.

Os procedimentos sintéticos detalhados e as caracterizações do monómero fotocomutável 2-glicol-HABI são apresentados no Esquema 1-1.

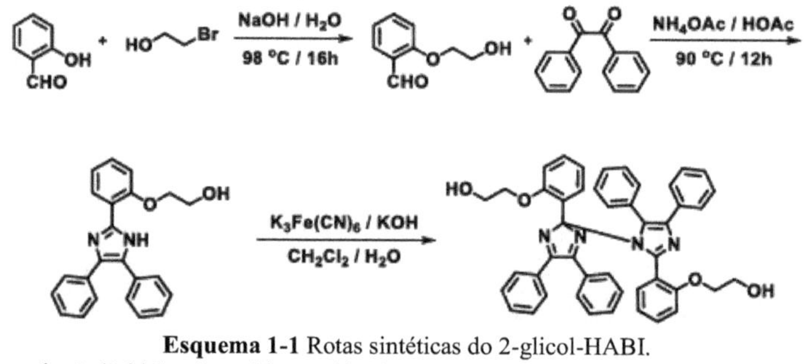

Esquema 1-1 Rotas sintéticas do 2-glicol-HABI.

(1) Síntese do 2-(2-hidroxietoxi)benzaldeído: Num balão de fundo duplo, formou-se uma solução de hidróxido de sódio (4,92 g, 0,123 mol) em água (120 ml). Com agitação, adicionou-se gota a gota salicilaldeído (10 g, 0,082 mmol) e 2-bromoetanol (12,25 g, 0,098 mol), a mistura foi aquecida a 98 C sob atmosfera de azoto e a reação mantida a 98 C durante 16 horas. Após arrefecimento à temperatura ambiente, adicionou-se uma solução de hidróxido de sódio em água (50 ml) até a mistura ficar fortemente alcalina (PH=10). O líquido foi decantado e extraído com diclorometano. Após secagem da camada de diclorometano sobre sulfato de sódio, decapagem e concentração, o produto em bruto foi purificado por cromatografia em coluna sobre gel de sílica com acetato de etilo/hexano (1/4, v/v) e seco no vácuo para dar 2-(2-hidroxietoxi)benzaldeído como um líquido oleoso amarelo acastanhado (7,8 g, 57,3% de rendimento).

1H NMR (600 MHz, DMSO) 5 (ppm): 10,46 (s, 1H), 7,69 (dd, *J* = 7,7, 1,6 Hz, 1H), 7,66-7,59 (m, 1H), 7,21 (d, J = 8.5 Hz, 1H), 7.06 (t, J = 7.5 Hz, 1H), 4.98 (t, J = 5.8 Hz, 1H), 4.15 (t, J = 4.8 Hz, 2H), 3.78 (dd, J = 10.0, 5.3 Hz, 2H).

^{13}RMN de C (151 MHz, DMSO) 5 (ppm): 190,19, 161,70, 136,75, 127,75, 124,88, 121,04, 114,03, 70,97, 59,98.

LC-MS (APCI): calculado 166,2, e encontrado 167,1.

(2) Síntese do 2-glicol-TPI: Num balão de dois gargalos, o benzil (7,57 g, 0,036 mol), o 2-(2-hidroxietoxi)benzaldeído (5 g, 0,03 mol) e o acetato de amónio (23 g, 0,3 mol) foram dispersos em ácido acético (80 ml). A mistura foi agitada e aquecida a 90 C durante 12 h. Depois de terminada a reação, o orgânico foi adicionado gota a gota a salmoura e depois neutralizado com uma solução aquosa de hidróxido de sódio. O precipitado branco foi filtrado, lavado com água e depois com tolueno para remover o excesso de benzil. O sólido remanescente foi seco no vácuo a 65C durante 12 h. Finalmente, obteve-se 8,7 g de pó branco, com um rendimento de 81%.

^{1}H NMR (600 MHz, DMSO) 5 (ppm): 11.95 (s, 1H), 8.12 (dd, J = 7.7, 1.6 Hz, 1H), 7.56 (d, J = 7.4 Hz, 2H), 7.49 (d, J = 7.4 Hz, 2H), 7.39 (ddd, J = 15.6, 11.2, 4.5 Hz, 3H), 7.33 (t, J = 7.2 Hz, 3H), 7.24 (d, J = 8.0 Hz, 2H), 7.11 (t, J = 7.5 Hz, 1H), 5.54 (s, 1H), 4.33-4.18 (m, 2H), 3.85 (s, 2H).

^{13}RMN de C (151 MHz, DMSO) 5 (ppm): 155,77, 143,75, 130,16, 128,93, 128,79, 128,02, 127,53, 122,03, 119,95, 115,05, 71,24, 59,92, 40,42, 1,63.

LC-MS (APCI): calculado 356,4, e encontrado 356,9.

(3) Síntese de 2-glicol-HABI: Num balão de 250 ml equipado com um funil de pressão constante (V_{max} = 50 ml) e coberto com folha de alumínio, dissolveu-se 2-glicol-TPI (2 g, 0,0056 mol) em diclorometano (60 ml). O $K_3Fe(CN)_6$ (9,22 g, 0,028 mol) e o KOH (3,14 g, 0,056 mol) foram completamente dissolvidos em água desionizada (30 ml) e depois transferidos para o funil de pressão constante. Esta solução aquosa foi adicionada gota a gota e a mistura foi vigorosamente agitada durante 8 h. A reação foi monitorizada por placa TLC até que todos os materiais de partida fossem consumidos. Depois de terminada a reação, a camada orgânica foi recolhida, evaporada sob pressão reduzida e o resíduo foi purificado por cromatografia em coluna sobre gel de sílica (eluente: acetato de etilo:hexano = 4:1, v/v). Finalmente, obteve-se 1,7 g de pó amarelo açafrão, com um rendimento de 85%.

^{1}H NMR (600 MHz, DMSO) 5 (ppm): 7.65-7.55 (m, 2H), 7.51-7.40 (m, 5H), 7.24 (dd, J = 31.2, 23.9 Hz, 9H), 7.12 (t, J = 7.5 Hz, 3H), 7.09-7.01 (m, 3H), 6.95 (s, 2H), 6.84 (d, J = 8.2 Hz, 1H), 6.79 (d, J = 8.2 Hz, 1H), 6.69 (d, J = 7.8 Hz, 1H), 6.36 (t, J = 7.6 Hz, 1H), 4.85 (s, 1H), 4.63 (t, J = 5.3 Hz, 1H), 4.05 (s, 1H), 3.88 (d, J = 63.6 Hz, 4H), 3.65 (d, J = 5.1 Hz, 2H), 3.36 (s, 1H).

^{13}RMN de C (151 MHz, DMSO) 5 (ppm): 157,94, 157,07, 144,99, 137,06, 135,19, 132,49, 132,17, 130,80, 130,19, 130,07, 129,49, 128,83, 128,33, 128,27, 128,23, 126,71, 126,54, 126,38, 125,38, 120,74, 120,00, 113,35, 111,17, 71,39, 70,50, 60,02, 59,76. LC-MS (APCI): calculado 710,8, e encontrado 710,9.

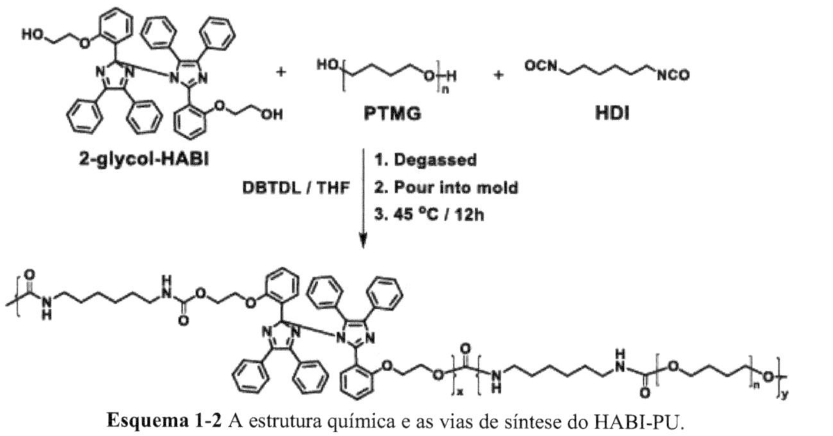

Esquema 1-2 A estrutura química e as vias de síntese do HABI-PU.

A estrutura química pormenorizada e as vias de síntese do HABI-PU linear são apresentadas no Esquema 1-2. O poli(tetrametileno éter glicol) (PTMG1000) (3,8 g, 3,8 mmol, 12,5 equiv) foi dissolvido em 5 ml de tetra-hidrofurano anidro (THF) para formar a solução A. O HABI funcionalizado com di-hidroxi (2-glicol-HABI) (216 mg, 0,304 mmol, 1 equiv) foi dissolvido em 5 ml de THF anidro para formar a solução B. As soluções A e B foram misturadas e a mistura foi agitada à temperatura ambiente durante 15 min. Adicionou-se à mistura o diisocianato de hexametileno (HDI) (0,69 g, 4,1 mmol, 13,5 equiv) e a mistura foi agitada à temperatura ambiente durante mais 15 minutos. A mistura foi aquecida e agitada a 35 °C sob vácuo para remover o THF, desgaseificada e vertida para um molde de Teflon. O molde foi mantido numa estufa purgada com N_2 a 45 °C durante 12 h. As amostras finais foram retiradas do molde e mantidas em condições ambientes durante 12 horas antes do ensaio. Para a escolha do solvente THF anidro, do catalisador dilaurato de butilestanho (DBTDL) e do glicol oligomérico PTMG, baseámo-nos na experiência da literatura existente, com as devidas modificações.

1.2.2 Estrutura e caraterização

Os espectros de RMN (^{1} H e^{13} C) foram obtidos utilizando um Bruker AV600 de 600 M com um padrão interno de tetrametilsilano. Os espectros de massa foram obtidos com o Agilent 1100 LC/MSD Trap. As medições de absorvância UV-visível foram efectuadas com um espetrofotómetro UV-visível (UV-3600) da Shimadzu entre 300 nm e 800 nm. As imagens ópticas foram captadas com uma NIKON D90 (Digital Single Lens Reflex). Os testes EPR foram efectuados numa máquina Bruker EPR A300 (banda X). Os espectros de IV foram registados com VERTEX 70. A temperatura de transição vítrea do HABI-PU foi determinada utilizando a calorimetria diferencial de varrimento (DSC) (-40-50 °C, 10^0 C/min) realizada num Diamond DSC. As medições de tensão-deformação e de relaxamento da tensão foram efectuadas num sistema Instron E1000 (EHF-UV100k2-040-1A) da Shimadzu, e as medições GPC foram registadas utilizando o sistema PL-GPC 50 da A Varian, Inc. Company. A irradiação a 405 nm foi efectuada com o laser (potência luminosa: 100 mW).

1.2.3 Ensaios GPC

Com agitação, o HABI-PU (4 mg) é primeiro completamente dissolvido em tetrahidrofurano (4 mL) durante 24 horas, sendo depois dividido igualmente em 2 partes iguais. Uma parte é testada em GPC antes e depois da exposição a 405 nm, enquanto a segunda parte, na qual foram adicionados 2 mg de monómero HABI, é testada em GPC antes e depois da exposição a 405 nm.

1.2.4 Ensaios mecânicos

Os testes de tração estáticos da Fig. 1-5f foram realizados à temperatura ambiente a uma velocidade de 2 mm/min. Em primeiro lugar, foi efectuado um teste de estiramento na amostra inicial de HABI-PU em forma de haltere (3,6 cm x 0,38 cm x 0,22 cm) até uma tensão de 100%. A largura do HABI-PU em forma de haltere é a largura média da amostra. A amostra foi então libertada para voltar ao comprimento inicial e o ensaio de tração foi realizado novamente com a mesma amostra, que foi irradiada continuamente com o laser de 405 nm durante o ensaio. Outros ensaios de tração estáticos e os ensaios de carga-descarga foram também realizados à temperatura ambiente a uma velocidade de 2 mm/min.

1.3 Resultados e discussão

1.3.1 Preparação e propriedades foto-interruptíveis dos elastómeros HABI-PU

Os elastómeros HABI-PU foram preparados a partir da copolimerização de poli(tetrametileno éter glicol) (PTMG, Mn = 1000), HABI molecular fotocrómico decorado com di-hidroxilo (2-glicol-HABI), diisocianato de hexametileno (HDI), catalisador de dilaurato de butilestanho (DBTDL) (Fig. 1-1a e Esquema 1-2). O 2-glicol-HABI tem um coeficiente de extinção de cerca de 220 L mol^{-1} cm^{-1} a 405 nm, o que significa que é uma escolha potencial como luz visível para conduzir a clivagem do HABI (Fig. 1-1c). Experimentalmente, surgiu um novo pico a 610 nm imediatamente após 2 s de irradiação a 405 nm, indicando que o 2-glicol-HABI é altamente sensível à luz de 405 nm (Fig. 1-1c e Fig. 1-2c). O fenómeno de fotocromismo da amostra de HABI-PU transparente em forma de haltere é consistente com o monómero de 2-glicol-HABI em solução de THF (Fig. 1-1b e Fig. 1-1c). É de salientar que a absorvância da película de HABI-PU diminuiu para metade em 3 s ($t1/2$, $_{HABI-PU}$ = 3 s) (Fig. 1-2a), o que é muito mais rápido do que o 2-glicol-HABI em estado de solução ($t1/2$, $_{solução}$ = 45 s) (Fig. 1-2b), demonstrando que os TPIRs em sistemas poliméricos possuem uma capacidade de recombinação mais rápida [23]. Os processos de recombinação de TPIRs em solução THF de materiais poliméricos 2-glicol-HABI e HABI-PU obedeceram à cinética de segunda ordem na fase inicial (Fig. 1-3). A densidade ótica na película de HABI-PU a 610 nm aumenta rapidamente devido à dissociação foto-induzida de HABI em TPIRs após irradiação com luz de 405 nm (área cor-de-rosa na Fig. 1-1d). Após a remoção da irradiação, a absorvância diminuiu para o estado inicial (área verde na Fig. 1-1d). O processo de fotocomutação pode ser efectuado de forma reversível mais de 8 vezes sem degradação evidente, indicando a grande resistência à fadiga e a elevada reversibilidade (Fig. 1-1d).

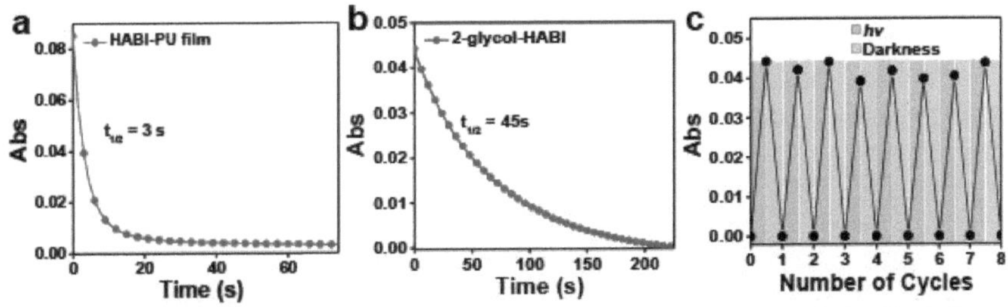

Fig. 1-2 (a) A cinética de desvanecimento da película colorida de HABI-PU após irradiação laser de 405 nm durante 10 s. $t1/2$ é o tempo de meia-vida da absorvância dos TPIRs na película de HABI-PU.

(b) A cinética de desvanecimento das espécies coloridas em solução de THF ($5x10^{-5}$ mol/L) após irradiação laser de 405 nm durante 10 s. O tempo de meia-vida ($t_{1/2}$) das espécies coloridas é calculado em 45 s. (c) Alteração da absorvância medida a 610 nm de 2-glicol-HABI sujeita a irradiação a 405 nm e a ciclos de recuperação térmica. Áreas cor-de-rosa: irradiação a 405 nm durante 10 s. Áreas verdes: após cessação do laser de 405 nm. O processo de fotocomutação pode ser efectuado de forma reversível mais de 8 vezes sem degradação evidente, o que indica a grande resistência à fadiga, a elevada reversibilidade e a sensibilidade à irradiação de luz de 405 nm.

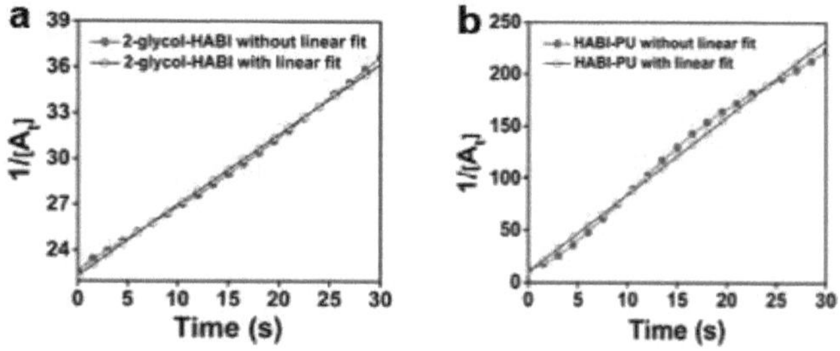

Fig. 1-3 (a) O gráfico de $1/[A_t] \sim t$ de 2-glicol-HABI em THF ($5x10^{-5}$ mol/L) da Fig. 1-2b e a sua curva linear. (b) O gráfico de $1/[A_t] \sim t$ da película de HABI-PU (a percentagem molar de 2-glicol-HABI é de 3,7%) da Fig. 1-2a e o respetivo ajuste linear da curva. Os resultados indicam que os processos de recombinação dos TPIRs na solução de THF e no polímero HABI-PU são ambos reacções de segunda ordem.

Os espectros EPR antes e depois da irradiação UV demonstram diretamente a clivagem da ligação dinâmica C-N no HABI e a formação de TPIRs nos polímeros HBAI-PU sob irradiação (Fig. 1-4a). O *tensor g* foi medido como sendo 2,003, correspondendo exatamente aos valores relatados para TPIR [46]. Foi o mesmo que medido pelo espetro EPR de 2-glicol-HABI em solução de THF (Fig. 1-4c), demonstrando ainda mais a formação de TPIRs em polímeros HABI-PU. Além disso, a intensidade do sinal aumenta rapidamente após 5 s de irradiação a 405 nm nos espectros EPR, indicando que as unidades HABI em

Os materiais HABI-PU são também altamente sensíveis à luz de 405 nm (Fig. 1-4a). Depois de terminada a irradiação UV, os TPIRs gerados reacoplaram-se uns aos outros espontaneamente, resultando numa diminuição da intensidade relativa do sinal (Fig. 1-4b e Fig. 1-4d).

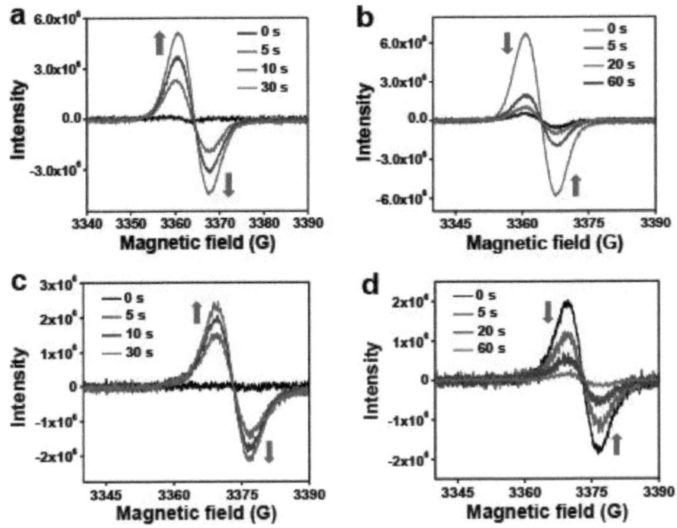

Fig. 1-4 Alterações EPR foto-induzidas dos materiais HABI-PU e 2-glicol-HABI. (a) Alterações EPR foto-induzidas dos materiais HABI-PU antes (0 s) da irradiação de 405 nm e após a irradiação de 405 nm (325 mW/cm^2) com diferentes tempos. (b) Desvanecimento espontâneo dos espectros EPR dos materiais HABI-PU para vários tempos de espera após a remoção da irradiação de 405 nm. A percentagem molar de unidades de 2-glicol-HABI no HABI-PU é de 3,7%. (c) Alterações EPR foto-induzidas de 2-glicol-HABI em solução de THF (0,01 mol/L) após irradiação de 405 nm (325 mW/cm^2) durante vários tempos. (d) Desvanecimento espontâneo dos espectros EPR de 2-glicol-HABI em solução de THF para vários tempos de espera após a remoção da irradiação de 405 nm.

1.3.2 O mecanismo de cisão foto-induzida das cadeias poliméricas

Para compreender o mecanismo pelo qual as unidades HABI influenciam as propriedades mecânicas dos polímeros lineares HABI-PU após a irradiação, foram definidas quatro amostras controladas de HABI-PU e os seus pesos moleculares foram investigados por GPC (Fig. 1-5a). O peso molecular médio (Mw) do HABI-PU antes da irradiação a 405 nm (linha preta na Fig. 1-5a) e após irradiação de 405 nm (linha verde na Fig. 1-5a) em THF é quase inalterado, indicando que as cadeias de polímero rompidas sob iluminação de 405 nm podem recuperar espontaneamente o estado inicial. Ao adicionar um excesso de monómero HABI à solução de polímero preparada, o peso molecular da HABI-PU antes da iluminação de 405 nm (Mw = 315,4 KDa, linha vermelha na Fig. 1-5a) é quase idêntico ao da HABI-PU sem monómero HABI antes da irradiação de 405 nm. Como esperado, o Mw da amostra acima após a irradiação de 405 nm reduz-se para 107,4 KDa (linha azul na Fig. 1-5a). Isto deve-se ao facto de as junções HABI nas espinhas dorsais lineares do polímero serem abertas sob irradiação de 405 nm e, em seguida, trocarem as suas ligações dinâmicas com monómeros HABI para formar um número crescente de cadeias mais curtas terminadas por unidades HABI (Fig. 1-5b). A dissociação/recombinação reversível de ligações covalentes dinâmicas a nível molecular nas espinhas dorsais do polímero refletir-se-á nas propriedades térmicas ou mecânicas dos materiais volumosos à escala macroscópica (Fig. 1-1e).

1.3.3 Fratura foto-induzida dos elastómeros HABI-PU

A fratura foto-induzida dos elastómeros HABI-PU pode atuar como os comportamentos de

auto-amputação de uma cauda de osga, quando são carregados com peso e implementada sincronicamente a irradiação de 405 nm (Fig. 1-5c). As HABI-PU foram moldadas termicamente em forma de haltere (Fig. 1-1b). Uma tira de HABI-PU (estado I) foi esticada durante 10 minutos sob um peso de carga (um contrapeso, cerca de 100 g), assegurando que atingia uma extensão elástica constante (estado II). O meio da amostra foi então iluminado com um laser de 405 nm (325 mW/cm^2), tendo a amostra fracturado no local irradiado após cerca de 26 segundos (Estado III). Em comparação, a amostra de controlo, na qual o 2-glicol-HABI é substituído por glicol, não se rompe sob irradiação nem mesmo durante 5 minutos (Fig. 1-5d). Isto indica que o comportamento de fratura tem origem nas ligações HABI dinâmicas foto-interruptíveis. As reacções fotoquímicas a nível molecular podem manifestar-se como a rutura macroscópica dos materiais quando a quantidade de dissociação das ligações covalentes C-N dinâmicas em HABI-PU atinge um determinado grau (Fig. 1-1e). O tempo de fratura torna-se mais curto à medida que o peso da carga aumenta sob uma intensidade de irradiação constante
(Fig. 1-5e). Da mesma forma, o tempo de fratura será encurtado quando se aumenta a densidade de potência (Fig. 1-6).

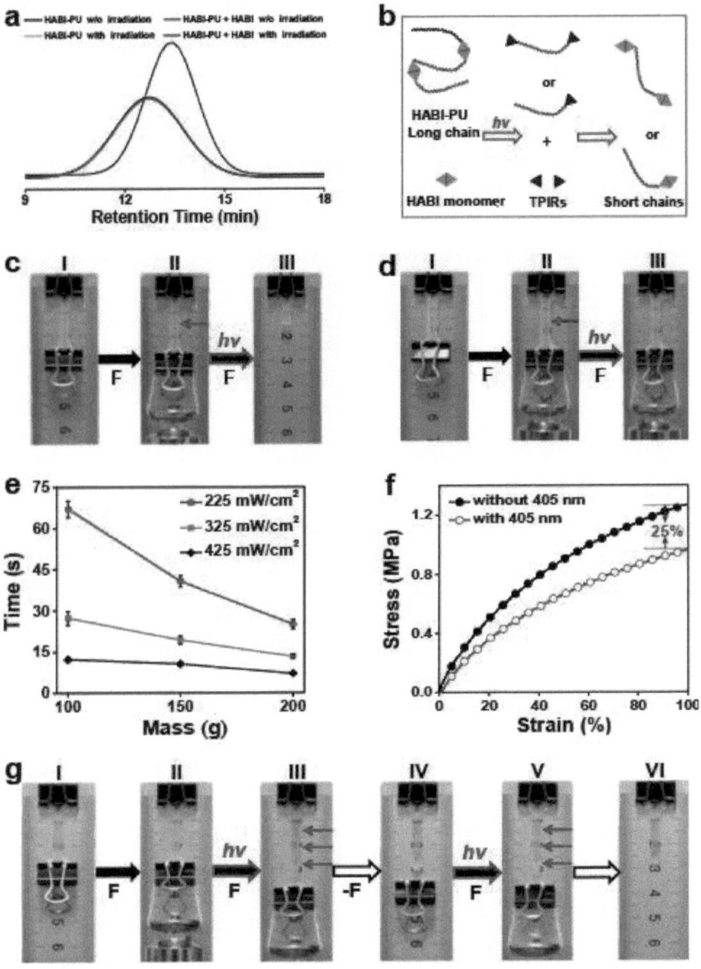

Fig. 1-5 O mecanismo de cisão foto-induzida e deformação plástica. (a) Curvas GPC (não normalizadas) de HABI-PU em THF com/sem monómero HABI e com/sem irradiação (as concentrações de HABI-PU em todas as amostras são idênticas, ou seja, 1 mg/mL). Linha preta: HABI-PU sem irradiação a 405 nm, o peso molecular médio ponderal (Mw) e o peso molecular médio numérico (Mn) medidos são 311,4 KDa e 94,9 KDa, respetivamente; linha verde: HABI-PU em THF com irradiação de 405 nm, o Mw e o Mn são 309,3 KDa e 97,3 KDa, respetivamente; linha vermelha: HABI-PU misturado com o monómero HABI sem irradiação de 405 nm, o Mw e o Mn são 315,4 KDa e 97,0 KDa, respetivamente; linha azul: o HABI-PU misturado com o monómero HABI com irradiação de 405 nm, o Mw e o Mn são 107,4 KDa e 48,2 KDa, respetivamente. (b) Esquema da troca de ligações dinâmicas foto-interruptíveis entre as junções HABI nas cadeias poliméricas lineares longas e o monómero HABI para formar cadeias mais curtas após irradiação de 405 nm. (c) A fratura foto-induzida de elastómeros HABI-PU com peso de carga após irradiação de 405 nm. O laser incide no

meio da amostra. (d) A amostra de controlo de PU sem ligações HABI, na qual o 2-glicol-HABI foi substituído por etilenoglicol durante a síntese da amostra de controlo de PU. (e) Dependência do tempo de fratura com a massa de carga. Barras de erro, desvio padrão para 3 medições. (f) Curvas de tensão-deformação para as mesmas amostras de HABI-PU antes e depois da irradiação de luz de 405 nm. (g) Alongamento plástico foto-induzido quando se carrega o peso com irradiação de luz de 405 nm, Estado I: estado original; II: alongamento elástico sob carga (100 g); III: alongamento plástico quando se carrega o peso com irradiação de 405 nm; IV: descarregamento e remoção da luz de 405 nm; V: carregamento do peso com nova irradiação de luz de 405 nm; VI: estado de fratura.

Além disso, os elastómeros HABI-PU mostram um alongamento plástico foto-controlado por peso de carga e iluminação de 405 nm (Fig. 1-5g). Sob peso de carga (um contrapeso, ca. 100 g), a amostra original foi esticada durante 10 minutos (Estado I), assegurando que a amostra atingia a extensão elástica constante (Estado II). Toda a área da amostra foi então iluminada com um laser de 405 nm (325 mW/cm^2) por varrimento rápido. É visível a olho nu que o elastómero se alongou gradualmente, exibindo uma deformação plástica foto-induzida acompanhada pelo processo de fotocromismo das unidades HABI no polímero (Estado III). A área irradiada torna-se azul escuro. Quando deslocámos o local de exposição à luz para outra posição, o azul profundo na área anteriormente irradiada desapareceu rapidamente. Visível a olho nu, a mancha azul moveu-se juntamente com o movimento da mancha de luz. Depois de retirar a luz e o contrapeso, o elastómero HABI-PU contrai-se ligeiramente (cerca de 2 mm) (estado IV). Após a irradiação a 405 nm, a maioria dos pontos de ligação HABI são dissociados, os TPIR resultantes são deslocados devido à gravidade vertical do peso de carga quando ocorre a dissociação foto-induzida da ligação C-N no poliuretano. Depois de cessar a irradiação, as cadeias de polímeros com extremidades de TPIRs deslocadas não podem recombinar-se com as cadeias originais correspondentes na posição inicial. Em vez disso, irão recombinar-se com outras cadeias de polímero com terminais TRIPs nas suas posições actuais próximas, levando à redução da resiliência dos espécimes lineares de HABI-PU. A amostra HABI-PU acabará por fraturar no local onde a resistência mecânica é pior, uma vez que a amostra no estado IV foi novamente iluminada com laser de 405 nm sob peso de carga (estado VI) (Fig. 1-5g).

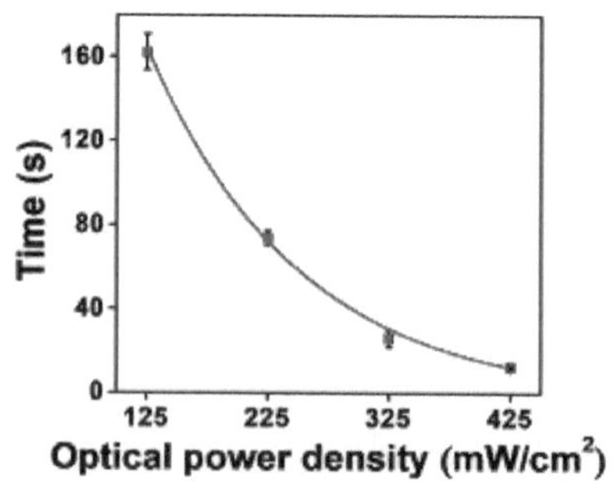

Fig. 1-6 Dependência do tempo de fratura na densidade de potência ótica quando a massa de carga é de 100 g. Barras de erro, desvio padrão para 3 medições.

Além disso, as amostras pristinas de HABI-PU possuem uma excelente elasticidade sem irradiação de 405 nm (Fig. 1-7a). Para avaliar quantitativamente este comportamento de deformação plástica foto-induzida, a resposta optomecânica dos elastómeros HABI-PU é demonstrada por uma experiência de tração estática. Em comparação, a tensão necessária para o HABI-PU que foi exposto à luz de 405 nm é muito inferior à tensão sem tratamento com irradiação sob a mesma tensão (dentro de 100% de tensão) (Fig. 1-5f). As tensões dos elastómeros HABI-PU antes e depois da irradiação com luz de 405 nm a 100% da tensão são de 1,28 MPa e 0,96 MPa, respetivamente. A diferença entre elas é de cerca de 25%, indicando que a iluminação de 405 nm enfraquece significativamente a resistência mecânica dos materiais. Foi ainda elucidado do ponto de vista da reologia (Fig. 1-8), tendo sido efectuados testes de relaxamento da tensão. Após a irradiação de 405 nm, a atenuação do módulo de relaxação de tensões [G(t)] da amostra de controlo de PU antes e depois da irradiação de 405 nm mantém-se praticamente inalterada, enquanto a do HABI-PU antes e depois da irradiação de 405 nm é de 0,33 MPa e 0,82 MPa, respetivamente. Assim, os materiais HABI-PU obtêm uma melhor mobilidade da cadeia sob iluminação de 405 nm devido à cisão foto-induzida de ligações covalentes C-N dinâmicas em cadeias poliméricas longas, que é o mecanismo chave para a deformação plástica foto-induzida e a cicatrização.

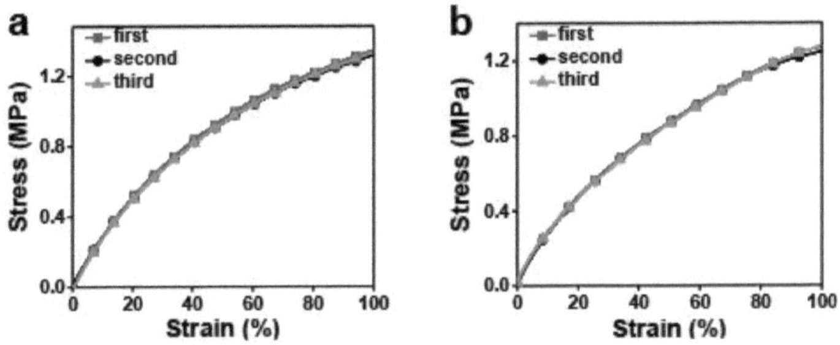

Fig. 1-7 (a) Ensaio de tração estático com uma deformação de 100% da mesma amostra de HABI-PU pura
efectuado por três vezes sem irradiação de 405 nm. (b) O ensaio de tração estático com 100% de deformação da mesma amostra de HABI-PU após cura durante 30 s sob 405 nm à temperatura ambiente, seguido de colocação no escuro durante 6 h, foi realizado três vezes sem irradiação de 405 nm.

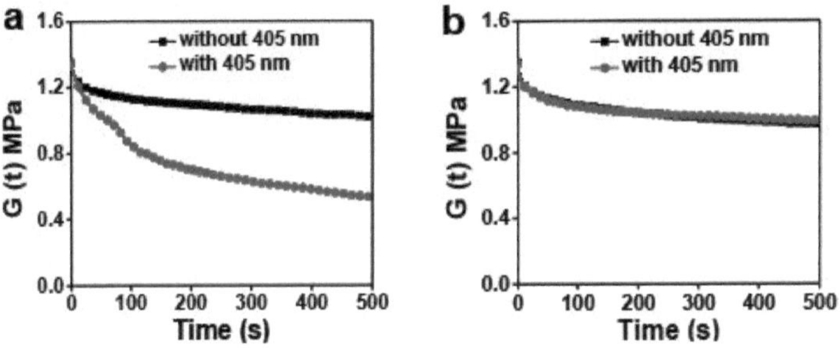

Fig. 1-8 (a) Módulo de relaxação da tensão [G(t)] das amostras de HABI-PU com ou sem irradiação de 405 nm. (b) Módulo de relaxação da tensão [G(t)] das amostras de controlo de PU com ou sem irradiação de 405 nm
irradiação. A tensão aplicada nestes ensaios é de 100%.

1.3.4 Propriedades de cicatrização rápida foto-induzida

Os elastómeros HABI-PU apresentam um rápido comportamento de cicatrização foto-induzido à temperatura ambiente. A cicatrização da película de polímero com riscos demora apenas dezenas de segundos. Foi preparada uma película de polímero transparente (espessura = 1 mm) num pedaço de vidro de quartzo através de moldagem por fundição. As películas de polímero foram riscadas com uma lâmina de barbear e os processos de cicatrização sob irradiação laser de 405 nm (325 mW/cm^2) foram observados por microscopia ótica (Fig. 1-9a). A cicatriz desapareceu gradualmente com o tempo e era quase invisível ao fim de 30 s. A cadeia longa do polímero torna-se mais curta com maior capacidade de mobilidade da cadeia sob irradiação de 405 nm, o que promove a fusão rápida das cadeias de polímero no risco. Além disso, é de salientar que o coeficiente de extinção das moléculas de 2-glicol-HABI a cerca de 405 nm é de cerca de 220 L mol $^{-1}$ cm^{-1} e mais de 99 % dos fotões incidentes são absorvidos pela superfície com uma espessura de cerca de 0,19 cm. A luz de 405 nm pode penetrar bem através da película de polímero e ativar as ligações covalentes C-N dinâmicas a diferentes profundidades do risco, promovendo a rápida cicatrização foto-induzida da película HABI-PU.

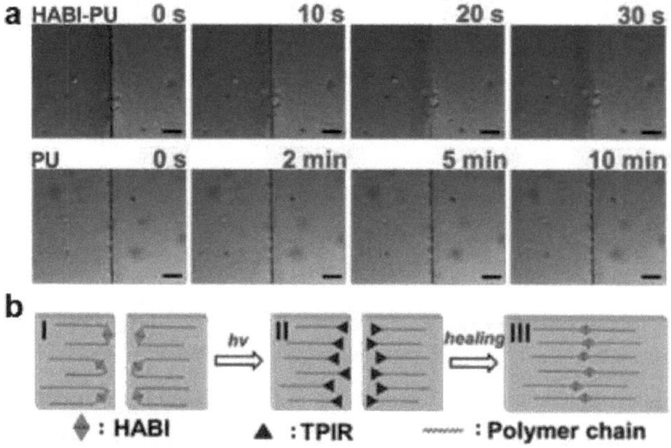

Fig. 1-9 (a) Imagens de microscópio ótico de comportamentos de cicatrização foto-induzidos de películas HABI-PU riscadas, cicatrizadas sob irradiação laser de 405 nm à temperatura ambiente durante 30 s (em cima), e a amostra de controlo de PU sem ligações HABI à temperatura ambiente durante 10 min (em baixo). As barras de escala são de 0,1 mm. (b) Esquema da cicatrização foto-induzida do elastómero HABI-PU após irradiação de luz (hv), Estado I: estado danificado original; II: dissociação foto-induzida de ligações C-N dinâmicas em cadeias poliméricas longas; III: re-formação foto-induzida de ligações C-N dinâmicas através da interface danificada e estado cicatrizado à temperatura ambiente.

O tempo para uma cicatrização quase completa é de apenas 10 s quando se aumenta a densidade de potência ótica para 425 mW/cm^2 (Fig. 1-10). No entanto, os riscos da amostra de controlo sem irradiação permanecem inalterados após a cicatrização durante 30 s, indicando que a dissociação fotoinduzida e a recombinação de ligações C-N dinâmicas de unidades HABI em elastómeros HABI-PU após irradiação de 405 nm são a chave para a cicatrização fotoinduzida rápida (Fig. 1-11). Tanto quanto sabemos, são as mais rápidas até à data para a cicatrização de riscos entre as películas de polímeros sem solventes referidas (Quadro 1-1). Por outro lado, os riscos da amostra de controlo permanecem evidentes mesmo após a cicatrização durante 10 minutos sob luz de 405 nm, confirmando ainda mais que a capacidade de cicatrização do HABI-PU deriva da re-formação de ligações C-N de ligações HABI dinâmicas foto-induzidas através da interface danificada (Fig. 1-9b).

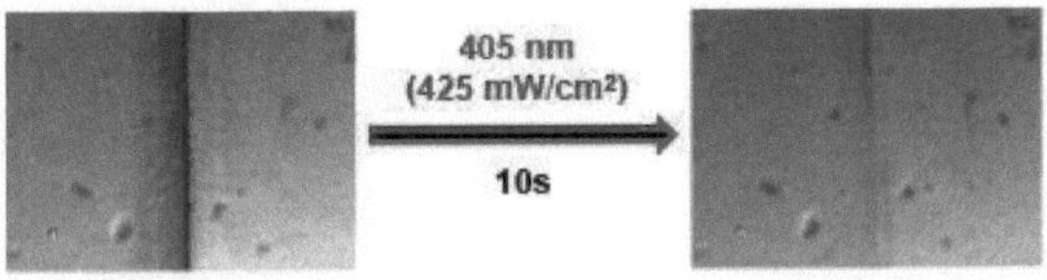

Fig. 1-10 Imagens de microscópio ótico de comportamentos de cicatrização foto-induzidos de películas HABI-PU riscadas sob irradiação laser de 405 nm (425 mW/cm^2) à temperatura ambiente durante 10s.

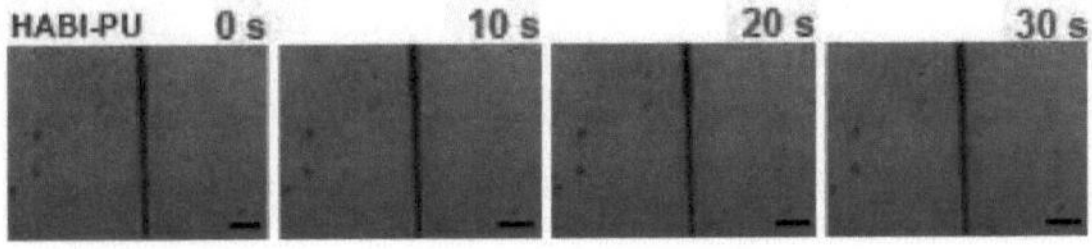

Fig. 1-11 Imagens de microscópio ótico de comportamentos de cicatrização foto-induzidos de películas HABI-PU riscadas sem irradiação laser de 405 nm (325 mW/cm^2) à temperatura ambiente durante 30 s. As barras de escala são de 0,1 mm.

Tabela 1-1. Tempos de cicatrização de películas de polímeros sem solventes selecionadas com riscos.

Material para auto-cura	**Sistema de cura**	**Condições para a auto-cura**	**Tempos de cura de as películas de polímero sem solvente com raspagem** e	**Referências**
Poliuretano termoplástico	Dissulfuretos	A 25 °C	2 h	*ACS. Appl. Mater. Inter.* **2019**, *11*, 23623.
Elastómero de copolímeros tribloco	Interações de ligações de hidrogénio	A 50 °C	3 h	*Ciência* **2014**, *344*, 591.
Poliuretano	Ligações de hidrogénio hierárquicas	A 90 °C	5 min	*Chem. Commun.* **2015**, *51*, 13058
Poliuretano	Diarilbibenzofuranona (DABBF)	A 50 °C	12 h	*Chem. Commun.* **2016**, *52*, 13068
Poliuretano supramolecular	interações de empilhamento n-n e de ligação de hidrogénio	A 45 °C	2 h	*Adv. Mater.* **2018**, *30*, 1704407
Polímero cular metalosupramole	Motivos metal-ligante	Sob irradiação de 320-390 nm (950 mW/cm)^2	1min	*Nature* **2011**, *472*, 334-337.
Reticulado Poliuretano	redes de poliuretano à base de oxetano substituído derivado de quitosano	Luz UV de 302 nm (lâmpada UV de 120 W)	30 min	*Ciência* **2009**, *323*, 1458-1460.
Linear poliuretano	Hexaarilbiimidazol (HABI)	Luz visível com 405 nm (425 mW/cm)^2	10 s	O nosso trabalho

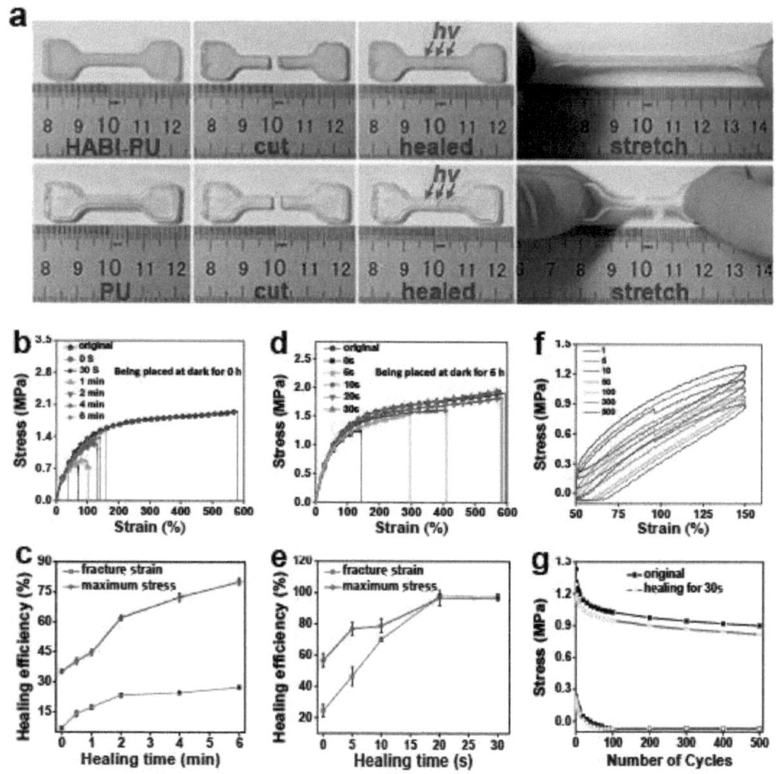

Fig. 1-12 Cicatrização foto-induzida de elastómeros HABI-PU. (a) Fotografias do processo de cicatrização do HABI-PU em comparação com o PU sem HABI. Da esquerda para a direita: Original, cortado, curado durante 30 s sob irradiação de 405 nm e depois colocado no escuro durante 6 h, e estado esticado, respetivamente. (b) Curvas tensão-deformação para o HABI-PU com diferentes tempos de exposição (0 s, 30 s, 1 min, 2 min, 4 min e 6 min) sob luz de 405 nm. (c) Dependência da tensão de fratura e da tensão máxima com o tempo de cura sob irradiação de luz de 405 nm. (d) Curvas tensão-deformação para a HABI-PU após cicatrização durante diferentes períodos de tempo sob irradiação de 405 nm e depois colocada no escuro durante 6 h. (e) Dependência da tensão de fratura e da tensão máxima no tempo de cicatrização de (d). Barras de erro, desvio padrão para 3 medições. (f) As curvas de carga-descarga de 50 % de deformação a 150 % de deformação do elastómero HABI-PU depois de curado durante 30 s sob irradiação de 405 nm e depois colocado no escuro durante 6 h, que são obtidas a partir de 500 ciclos contínuos a 1 Hz. (g) As tensões mínimas (50 % de deformação) e máximas (150 % de deformação) do elastómero HABI-PU depois de curado durante 30 s sob irradiação de 405 nm e depois colocado no escuro durante 6 h (pontos vermelhos vazados) e o original (quadrados pretos) em 500 curvas contínuas de carga-descarga de 50 % de deformação a 150 % de deformação. Note-se que, na figura, o fim da curva carga-descarga não indica a falha do espécime.

Para avaliar mais quantitativamente os comportamentos de cicatrização do HABI-PU quando sofre danos físicos maiores, foi investigada a eficiência de cicatrização de amostras bissectadas. Duas tiras de HABI-PU em forma de haltere (3,6 cm x 0,38 cm x 0,22 cm, a tensão de tração máxima original e a deformação de fratura são de 1,96 MPa e cerca de 580%, respetivamente) foram cortadas com uma lâmina de barbear e as peças cortadas foram imediatamente pressionadas com força (Fig. 1-12a). As amostras re-contactadas foram então expostas a luz de 405 nm (325 mW/cm^2) durante 30 s no ar à temperatura ambiente, seguida de colocação no escuro durante 6 h, e não voltaram a fraturar sob tensão de estiramento manual. Em contrapartida, os pedaços cortados da amostra de controlo de PU puro partem-se facilmente em dois pedaços após o estiramento manual. A capacidade de cicatrização do HABI-PU é ainda confirmada pelas ligações HABI dinâmicas foto-induzidas (Fig. 1-9b). Começou-se por explorar a influência do tempo de exposição na eficácia da cicatrização. Os elastómeros HABI-PU após exposições de 0 s, 30 s, 1 min, 2 min, 4 min e 6 min sob irradiação de 405 nm, que depois não foram colocados no escuro, são rapidamente utilizados para testes de tração. A curva das amostras recontactadas após o corte e sem exposição à irradiação de 405 nm (0 s), mostra uma tensão de alongamento máxima de apenas 6,5% (Fig. 1-12b). O valor da tensão de alongamento máxima aumenta com o tempo de exposição. Após a cura durante 30 s sob irradiação de 405 nm, a tensão de fratura recupera para ~14,2% do valor inicial da amostra. A recuperação da deformação é ainda inferior a 30% quando o tempo aumenta para 6 minutos.

A Fig. 1-12c mostra a dependência da tensão de fratura e da tensão máxima no tempo de cicatrização sob irradiação de 405 nm. O desempenho da cicatrização ao prolongar o tempo de exposição é mais eficiente, mas continua a ser muito inferior ao da amostra original. Curiosamente, os elastómeros HABI-PU, depois de curados durante 30 s sob irradiação de 405 nm e colocados no escuro durante 6 h, apresentam uma excelente eficiência de recuperação (Fig. 1-12d). As curvas de tensão-deformação dos espécimes de HABI-PU cicatrizados aproximaram-se gradualmente das curvas dos espécimes originais intactos ao prolongar o tempo de exposição. A recuperação da tensão na rutura é superior a 95% após a exposição durante 20 s a 405 nm e depois de permanecer no escuro durante 6 h. O processo de iluminação a 405 nm é eficaz para a fusão dos locais de contacto estreito entre as duas peças cortadas na incisão, uma vez que a área irradiada tem cadeias de polímero mais pequenas com melhor mobilidade. No entanto, como o dano da incisão cortada é maior do que o dos riscos na película, é difícil fundir rapidamente os locais que não estão em contacto estreito (com uma distância relativamente grande a nível microscópico) entre duas peças cortadas sob a mera irradiação de luz. Ao mesmo tempo, a luz de 405 nm não consegue penetrar completamente nos materiais HABI-PU em forma de haltere com 0,22 cm de espessura. É necessário um processo adicional de colocação em pé da amostra pré-curada após a exposição à luz para completar a cicatrização da lesão do corte. As cadeias poliméricas sofrerão ainda uma difusão/fusão lenta [47,48] e um termocromismo fraco [33] das unidades covalentes dinâmicas HABIs para reforçar a ligação mecânica nos locais danificados devido ao efeito térmico no escuro. Como se mostra na Fig. 1-12d, a recuperação da tensão na rotura é de cerca de 24,4% da amostra inicial quando colocada à temperatura ambiente durante 6 h sem iluminação. Embora este processo térmico seja relativamente lento, as propriedades mecânicas poderiam ser recuperadas quase completamente em cerca de 6 h se a irradiação e o processo térmico fossem ambos utilizados. A Fig. 1-12d mostra curvas tensão-deformação para a HABI-PU antes e depois da exposição à luz de 405 nm durante 0 s, 5 s, 10 s, 20 s e 30 s, seguida de colocação no escuro durante 6 h. A recuperação de aproximadamente 100 % da tensão de fratura original e da tensão máxima pode ser alcançada após a cura durante 20 s ou 30 s e depois de colocação no escuro durante 6 h (Fig. 1-12e). Sugere-se que o melhor efeito sobre a eficiência da cicatrização pode ser obtido após a cicatrização durante 30 s sob irradiação de 405 nm e subsequente colocação no escuro durante 6 h. Em comparação, a iluminação de 405 nm durante 30 s à temperatura ambiente sem tempo de permanência no escuro atinge uma recuperação de apenas 14,2% (Fig. 1-12b), mostrando que a ativação e a reformação das ligações C-N dinâmicas é o primeiro passo no processo de cicatrização foto-induzida, permitindo que o tempo para os polímeros se difundirem também é crítico (Fig. 1-12d). Além disso, a temperatura ambiente para as experiências de cicatrização é de cerca de 28 C, que é superior à temperatura de transição vítrea (25,06 C) dos materiais HABI-PU lineares (Fig. 1-13b). Por conseguinte. O movimento inerente da cadeia molecular no interior dos materiais poliméricos HABI-PU seria propício à cicatrização foto-induzida. Pode concluir-se que a irradiação de luz a curto prazo, juntamente com um determinado tempo de espera, resulta num desempenho de cicatrização muito melhor do que o simples prolongamento do tempo de exposição.

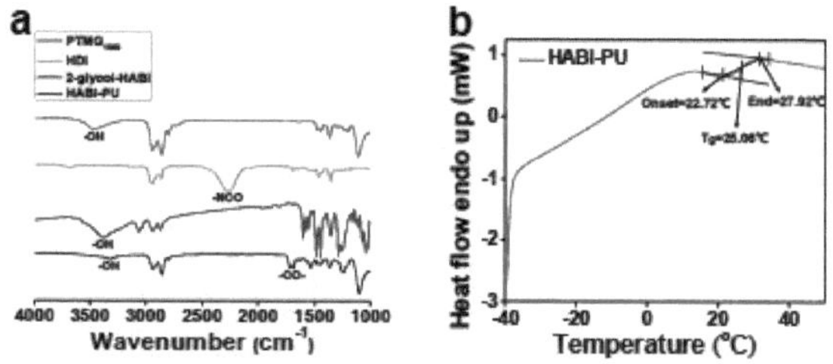

Fig. 1-13 (a) Espectros de IV de PTMG1000, HDI, 2-glicol-HABI e HABI-PU. (b) Curva DSC do HABI-PU, mostrando Tg em torno de 25,06 °C.

As amostras de HABI-PU depois de curadas durante 30 s sob irradiação de 405 nm e depois de permanecerem no escuro durante 6 h possuem uma excelente elasticidade com 100% de deformação. Pode ver-se na curva tensão-deformação que as propriedades mecânicas ainda são recuperadas após três estiramentos repetidos (Fig. 1-7b). A sua resistência à fadiga foi investigada num curto espaço de tempo. A HABI-PU original e a HABI-PU fotocurada podem suportar 500 ciclos de fadiga contínuos de 50% de deformação a 150% de deformação com uma frequência de oscilação de 1 Hz (Fig. 1-14 e Fig. 1-12f). Mostra que as tensões de ambos têm a mesma tendência de decaimento (Fig. 1-12g). O resultado indica que o HABI-PU tem grande capacidade de reciclagem, repetibilidade e resistência à fadiga. Como uma pequena parte dos pontos de ligação HABI na incisão não pode recuperar completamente a estrutura original sob iluminação de 405 nm, o módulo de elasticidade dos espécimes HABI-PU seria reduzido em algum grau, o que significa que a tensão do HABI-PU fotocurado é um pouco menor do que a do pristino.

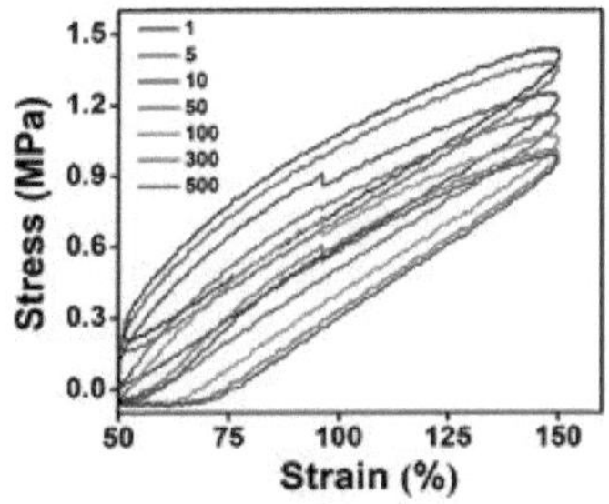

Fig. 1-14 Os ciclos de carga-descarga de 50% de deformação a 150% de deformação do elastómero HABI-PU puro em 500 ciclos contínuos a 1Hz.

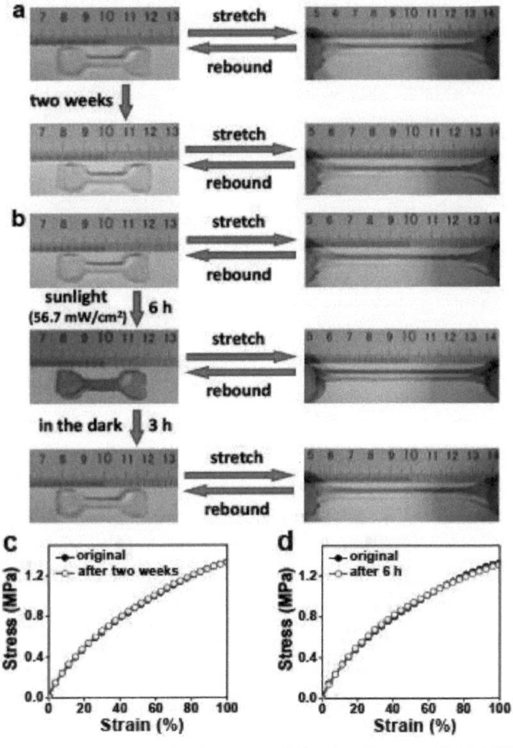

Fig. 1-15. Caracterização da estabilidade dos materiais elastómeros HABI-PU. (a) A amostra de HABI-PU preparada pode ser esticada até cerca de 7 cm a partir do comprimento inicial de 2 cm (o comprimento é o comprimento real que está a ser esticado). A HABI-PU esticada recupera finalmente o seu comprimento original quando a mesma amostra original é colocada à temperatura ambiente e exposta ao ar durante duas semanas. (b) A amostra de HABI-PU preparada pode ser esticada até 7 cm a partir do comprimento inicial de 2 cm. A HABI-PU esticada recupera finalmente o seu comprimento original quando é exposta à luz solar (56,7 mW/cm^2) durante 6 h num dia típico de sol. Depois de permanecer no escuro durante 3 horas, a resistência mecânica do material continua a ser tão boa como a da amostra inicial. (c) Ensaios de tração estáticos com 100% de deformação da amostra original de HABI-PU e da mesma amostra após ter sido colocada à temperatura ambiente e exposta ao ar durante

duas semanas. (d) Ensaios de tração estática com 100% de deformação da amostra original de HABI-PU e da mesma amostra após ter sido colocada à luz do sol durante 6 h, seguida de permanência no escuro durante 3 h.

Além disso, verificou-se que os materiais HABI-PU têm uma excelente estabilidade a longo prazo, mesmo quando expostos ao ar e à luz solar (Fig. 1-15). A desvantagem é que a luz solar pode, de facto, ativar a química dinâmica do HABI nos elastómeros HABI-PU quando o HABI-PU é utilizado num dia típico de sol. No entanto, a luz solar não afectaria significativamente a resistência mecânica ou o desempenho.

1.4 Conclusão

Em conclusão, desenvolvemos um novo tipo de materiais poliméricos inteligentes que respondem à luz visível (HABI-PU) contendo unidades de hexaarilbiimidazol (HABI) foto-interruptíveis. As propriedades macroscópicas mecânicas e térmicas dinâmicas podem ser reguladas devido à fotoclavagem reversível das unidades HABI nas espinhas dorsais do polímero após irradiação. O HABI-PU apresenta comportamentos de deformação plástica e fratura foto-induzidos, actuando como a auto-amputação da cauda de lagartixa com base na despolimerização foto-induzida, que se espera que sejam aplicados nos campos dos gatilhos foto-controlados ou dos sistemas optomecânicos. Curiosamente, o HABI-PU pode curar-se rapidamente e restaurar a sua força mecânica original sob irradiação de luz visível após ter sido danificado. Estes polímeros são promissores como materiais inteligentes para as aplicações de robôs flexíveis biomiméticos, materiais reciclados, eletrónica flexível e outras numerosas aplicações de engenharia. Este trabalho também fornece uma orientação para a conceção de polímeros inteligentes inovadores com múltiplas funções baseadas em HABI e noutras estruturas foto-interruptíveis no futuro.

Referências

[1] Schneiderman, D. K.; Hillmyer, M. A. Perspetiva do 50º aniversário: Há um grande futuro em polímeros sustentáveis. *Macromolecules* **2017**, *50*, 3733-3750.

[2] Jin, Y. H.;Yu, C.;Denman, R. J.; Zhang, W. Recent advances in dynamic covalent chemistry. *Chem. Soc. Rev.* **2013**, *42*, 6634-6654.

[3] Wojtecki, R. J.;Meador, M. A.; Rowan, S. J. Utilizando a ligação dinâmica para aceder a polímeros estruturalmente dinâmicos com resposta macroscópica. *Nat Mater* **2011**, *10*, 14-27.

[4] Cao, J.;Lu, C. H.;Zhuang, J.;Liu, M. X.;Zhang, X. X.;Yu, Y. M.; Tao, Q. C. Multiple Hydrogen Bonding Enables the Self-Healing of Sensors for Human-Machine Interactions. *Angewandte Chemie International Edition* **2017**, *56*, 8795-8800.

[5] Mirvakili, S. M.; Hunter, I. W. Artificial Muscles: Mechanisms, Applications, and Challenges. *Adv. Mater.* **2018**, *30*, 1704407.

[6] Feula, A.;Pethybridge, A.;Giannakopoulos, I.;Tang, X. G.;Chippindale, A.;Siviour, C. R.;Buckley, C. P.;Hamley, I. W.; Hayes, W. Um poliuretano supramolecular termorreversível com excelente capacidade de cicatrização a 45 graus C. *Macromolecules* **2015**, *48*, 6132-6141.

[7] Song, Y.; Liu, Y.; Qi, T.; Li, G. L. Em direção a polímeros curáveis dinâmicos, mas super-resistentes, por meio de interações biomiméticas hierárquicas de ligação de hidrogênio. *Angewandte Chemie International Edition* **2018**, *57*, 13838-13842.

[8] Jeon, I.;Cui, J. X.;Illeperuma, W. R. K.;Aizenberg, J.; Vlassak, J. J. Extremamente Esticáveis e Rápidos Hidrogéis de Auto-Cura. *Adv. Mater.* **2016**, *28*, 4678-4683.

[9] Guo, Y. Z.;Zhou, X.;Tang, Q. Q.;Bao, H.;Wang, G. C.; Saha, P. Um eletrólito de hidrogel supramolecular auto-regenerável e facilmente reciclável para supercapacitores

flexíveis. *J. Mater. Chem. A* **2016**, *4*, 8769-8776.
[10] Shi, Y.; Wang, M.; Ma, C. B.; Wang, Y. Q.; Li, X. P.; Yu, G. H. Um gel híbrido condutor de autocura habilitado por supramolécula de metal-ligante e polímero condutor nanoestruturado. *Nano Lett* **2015**, *15*, 6276-6281.
[11] Haring, M.; Diaz, D. D. Supramolecular metallogels with bulk self-healing properties prepared by in situ metal complexation. *Chem. Commun.* **2016**, *52*, 1306813081.
[12] Urban, M. W.;Davydovich, D.;Yang, Y.;Demir, T.;Zhang, Y. Z.; Casabianca, L. Copolímeros de auto-regeneração de mercadorias com chave e fechadura. *Ciência* **2018**, *362*, 220-225.
[13] Sumerlin, B. S. Materiais auto-regenerativos da próxima geração O ajuste da estrutura molecular resolve um problema de longa data da longevidade do material sintético. *Science* **2018**, *362*, 150-151.
[14] Imato, K.;Nishihara, M.;Kanehara, T.;Amamoto, Y.;Takahara, A.; Otsuka, H. SelfHealing of Chemical Gels Cross-Linked by Diarylbibenzofuranone-Based Trigger-Free Dynamic Covalent Bonds at Room Temperature. *Angewandte Chemie International Edition* **2012**, *51*, 1138-1142.
[15] Imato, K.; Takahara, A.; Otsuka, H. Autocura de um polímero reticulado com ligações covalentes dinâmicas em temperatura amena e avaliação nos níveis macroscópico e molecular. *Macromolecules* **2015**, *48*, 5632-5639.
[16] Chakma, P.; Konkolewicz, D. Ligações covalentes dinâmicas em materiais poliméricos. *Angewandte Chemie International Edition* **2019**, *58*, 9682-9695.
[17] Garcia, F.; Smulders, M. M. J. Polímeros Covalentes Dinâmicos. *Jornal de Ciência de Polímeros Parte A: Química de Polímeros* **2016**, *54*, 3551-3577.
[18] Xiang, S. L.;Hua, Q. X.;Gong, W. L.;Xie, N. H.;Zhao, P. J.;Cheng, G. J.;Li, C.; Zhu, M. Q. Transformação fotoplástica baseada em química covalente dinâmica. *Acs Appl. Mater. Interfaces* **2019**, *11*, 23623-23631.
[19] Fiore, G. L.;Rowan, S. J.; Weder, C. Polímeros opticamente curáveis. *Chem Soc Rev* **2013**, *42*, 7278-7288.
[20] Burnworth, M.;Tang, L. M.;Kumpfer, J. R.;Duncan, A. J.;Beyer, F. L.;Fiore, G. L.;Rowan, S. J.; Weder, C. Optically healable supramolecular polymers. *Nature* **2011**, *472*, 334-338.
[21] Ghosh, B.; Urban, M. W. Self-Repairing Oxetane-Substituted Chitosan Polyurethane Networks [Redes de poliuretano de quitosana substituída por oxetano auto-reparável]. *Science* **2009**, *323*, 1458-1460.
[22] Hines, L.;Petersen, K.;Lum, G. Z.; Sitti, M. Soft Actuators for Small-Scale Robotics. *Adv. Mater.* **2017**, *29*, 1603483.
[23] Xiang, S. L.;Hua, Q. X.;Zhao, P. J.;Gong, W. L.;Li, C.; Zhu, M. Q. Photoplastic Self-Healing Polyurethane Springs and Actuators. *Chem. Mater.* **2019**, *31*, 5081-5088.
[24] Li, L.;Scheiger, J. M.; Levkin, P. A. Design and Applications of Photoresponsive Hydrogels. *Adv. Mater.* **2019**, *31*, 1807333.
[25] Ji, S. B.;Cao, W.;Yu, Y.; Xu, H. P. Elastómero de poliuretano contendo disseleneto e auto-regeneração induzida por luz visível. *Adv. Mater.* **2015**, *27*, 7740-7745.
[26] An, S. Y.;Arunbabu, D.;Noh, S. M.;Song, Y. K.; Oh, J. K. Estratégias recentes para desenvolver redes poliméricas reticuladas auto-regeneráveis. *Chem. Commun.* **2015**, *51*, 13058-13070.
[27] Ahn, D.;Zavada, S. R.; Scott, T. F. Rapid, Photomediated Healing of

Hexaarylbiimidazole-Based Covalently Cross-Linked Gels. *Chem. Mater.* **2017**, *29*, 7023-7031.

[28] Xiang, H. P.;Yin, J. F.;Lin, G. H.;Liu, X. X.;Rong, M. Z.; Zhang, M. Q. Borrachas foto-reticuláveis, auto-regeneráveis e reprocessáveis. *Chem. Eng. J.* **2019**, *358*, 878890.

[29] Scott, T. F.;Schneider, A. D.;Cook, W. D.; Bowman, C. N. Photoinduced plasticity in cross-linked polymers (plasticidade fotoinduzida em polímeros reticulados). *Science* **2005**, *308*, 1615-1617.

[30] McBride, M. K.;Hendrikx, M.;Liu, D. Q.;Worrell, B. T.;Broer, D. J.; Bowman, C. N. Photoinduced Plasticity in Cross-Linked Liquid Crystalline Networks. *Adv. Mater.* **2017**, *29*, 1606509.

[31] Scott, T. F.;Draughon, R. B.; Bowman, C. N. Actuation in crosslinked polymers via photoinduced stress relaxation. *Adv. Mater.* **2006**, *18*, 2128-2132.

[32] Iwamura, T.; Nakamura, S. Síntese e propriedades de polímeros de acrilato reticuláveis baseados em hexaarilbiimidazol. *Polímero* **2013**, *54*, 4161-4170.

[33] Verstraeten, F.;Gostl, R.; Sijbesma, R. P. Coloração induzida por stress e reticulação de materiais poliméricos por formação mecanoquímica de radicais trifenilimidazolil. *Chem. Commun.* **2016**, *52*, 8608-8611.

[34] Takasaki, M.; Iwamura, T. Síntese de poliamida reticulável com porções de hexaarilbisimidazolil. *Polímero* **2018**, *158*, 270-278.

[35] Honda, S.; Toyota, T. Metamorfose de materiais poliméricos sem solventes acionada por foto. *Nat* **Commun 2017**, *8*, 1-8.

[36] Gong, W. L.;Xiong, Z. J.;Li, C.; Zhu, M. Q. Conceção, síntese e comutação de hexaarilbiimidazóis fluorescentes de largo espetro. *Rsc. Adv.* **2014**, *4*, 64371-64378.

[37] Kishimoto, Y.; Abe, J. Uma molécula fotocrómica rápida que se colore apenas sob luz UV. *J. Am. Chem. Soc.* **2009**, *131*, 4227-4229.

[38] Kikuchi, A.;Iwahori, F.; Abe, J. Provas definitivas da contribuição do carácter birradical numa molécula de casca fechada, derivada do 1,4-bis-(4,5- difenilimidazol-2-ilideno)ciclohexa-2,5-dieno. *J. Am. Chem. Soc.* **2004**, *126*, 65266527.

[39] Gong, W. L.;Xiong, Z. J.;Xin, B.;Yin, H.;Duan, J. S.;Yan, J.;Chen, T.;Hua, Q. X.;Hu, B.;Huang, Z. L.; Zhu, M. Q. Fotocomutação dupla de fluorescência NIR e EPR com base no PMI-N-HABI para nanoimagem ótica de nanofios de polímero electrospun. *J. Mater. Chem. C* **2016**, *4*, 2498-2505.

[40] Lai, Y.;Kuang, X.;Zhu, P.;Huang, M. M.;Dong, X.; Wang, D. J. Elastómeros incolores, transparentes, robustos e rápidos de auto-regeneração por arranhões através de um design de ligações dinâmicas bloqueadas por fase. *Adv. Mater.* **2018**, *30*, 1802556.

[41] Kim, S. M.;Jeon, H.;Shin, S. H.;Park, S. A.;Jegal, J.;Hwang, S. Y.;Oh, D. X.; Park, J. Superior Toughness and Fast Self-Healing at Room Temperature Engineered by Transparent Elastomers. *Adv. Mater.* **2018**, *30*, 1705145.

[42] Yoshida, S.; Ejima, H.; Yoshie, N. Elastómeros resistentes com uma capacidade de auto-recuperação superior induzida por uma conceção multifásica de inspiração biológica. *Adv. Funct. Mater.* **2017**, *27*, 1701670.

[43] Chen, W. P.;Hao, D. Z.;Hao, W. J.;Guo, X. L.; Jiang, L. Hydrogel with Ultrafast Self-Healing Property Both in Air and Underwater. *Acs Appl. Mater. Interfaces* **2018**, *10*, 1258-1265.

[44] Bin Ihsan, A.;Sun, T. L.;Kurokawa, T.;Karobi, S. N.;Nakajima, T.;Nonoyama, T.;Roy, C. K.;Luo, F.; Gong, J. P. Comportamentos de auto-regeneração de hidrogéis de polianfólitos

resistentes. *Macromolecules* **2016**, *49*, 4245-4252.

[45]Gao, G. R.;Du, G. L.;Sun, Y. N.; Fu, J. Hidrogéis de nanocompósitos auto-regeneráveis, resistentes e ultra-esticáveis baseados na adsorção reversível de poliacrilamida/montmorilonite. *Acs Appl. Mater. Interfaces* **2015**, *7*, 5029-5037.

[46]Iwamura, T.; Sakaguchi, M. Um novo sistema de desvinculação de polímeros reticulados para polímeros lineares utilizando pressão ou irradiação de luz visível. *Macromolecules* **2008**, *41*, 8995-8999.

[47]Fan, W. H.;Jin, Y.;Huang, Y. H.;Pan, J. Z.;Du, W. N.; Pu, Z. Y. Autocura à temperatura ambiente e reprocessamento de poliuretanos à base de água contendo disseleneto sob luz visível. *J. Appl. Polym. Sci.* **2019**, *136*, 47071.

[48]Bao, C. Y.;Jiang, Y. J.;Zhang, H. Y.;Lu, X. Y.; Sun, J. Q. Auto-Temperatura à temperatura ambiente
Compósitos de polímeros resistentes, cicatrizantes e recicláveis utilizando coordenadas de azoto
Boroxinas. *Adv. Funct. Mater.* **2018**, *28*, 1800560.

CAPÍTULO 2

Molas e Actuadores de Poliuretano Fotoplástico Auto-Curativo

2.1 Introdução

Os actuadores inteligentes ou músculos artificiais que respondem a estímulos externos com alterações de forma ou tamanho têm atraído recentemente uma atenção considerável [1-3]. Os polímeros desempenham um papel importante nestes materiais inteligentes, uma vez que oferecem várias vantagens fundamentais, como o baixo custo de fabrico, a facilidade de processamento, a flexibilidade, a baixa densidade, etc. [4]. Os elastómeros poliméricos inteligentes sensíveis a estímulos reversíveis contendo motivos moleculares fotocrómicos, tais como azobenzenos, espiropiranos (SP), naftopiranos e diarilbibenzofuranonas, foram investigados como sensores e actuadores [5-17]. A transformação arquitetónica molecular distinta, baseada em mecanismos como a isomerização cis-trans e a ciclização/ciclorreversão após irradiação luminosa, tem sido referida para controlar a fluorescência, a condutividade e as propriedades fluídicas dos materiais [18-20], O hexa-arilbiimidazol (HABI) sofre uma clivagem foto-induzida da ligação C-N de dois trifenilimidazóis após irradiação luminosa para dar origem a um par de radicais trifenilimidozóis isolados (TPIRs), que podem sofrer aniquilação espontânea ao encontrar radicais adjacentes [21, 22]. Honda et al. sintetizaram as redes de polímeros de reticulação HABI sem solventes, mostrando uma conversão isotérmica reversível líquido-não líquido, enquanto os procedimentos sintéticos que envolvem precursores em forma de estrela são relativamente complicados e a subsequente eficiência de reticulação por oxidação dos trifenilimidozóis é limitada [23]. Ahn et al. prepararam géis de reticulação covalente com incorporação de HABI que têm a capacidade de se auto-regenerar rapidamente com a ajuda de solventes [24]. Apesar das investigações de HABI na auto-regeneração e conversão líquido-sólido terem sido relatadas, a deformação foto-dirigida e a integração multifuncional baseada no motivo HABI continuam a ser desenvolvidas para novos fotoactuadores e sistemas optomecânicos.

Neste caso, concebemos um novo tipo de elastómeros de poliuretano fotoplástico (PPU) de reticulação dupla com integração multifuncional envolvendo fotocromismo, deformação fotodinâmica e funções de auto-regeneração. Os elastómeros de PPU de reticulação dupla foram fabricados por polimerização de adição gradual, em que quatro HABI decorados com hidroxilo e glicerol como agentes de reticulação dinâmicos e fixos, respetivamente (Fig. 2-1a). A densidade de reticulação na rede PPU depende da clivagem reversível e da recombinação da ligação covalente imidazol-imidazol em HABI (Fig. 2-1b). Após a irradiação UV, as moléculas HABI, como pontos de reticulação dinâmicos, são dissociadas em dois TPIRs, fazendo com que a densidade de reticulação de toda a rede de poliuretano diminua notavelmente com o alongamento aparente.

2.2 Secção de experiências

2.2.1 Preparação dos materiais

Todos os reagentes e solventes foram utilizados sem purificação adicional, exceto quando indicado em contrário, fornecidos pela Energy, Alfa Aesar, Sinopharm Chemical Reagent Co. e Sigma-Aldrich. A purificação de todos os produtos foi efectuada por cromatografia em coluna gravitacional, utilizando gel de sílica (200-300 mesh). O poli(tetrametilenoglicol) (PTMG: M_n=1000) foi seco a 70 °C sob vácuo durante 1 hora antes de ser utilizado. O diisocianato de hexametileno (HDI) e o glicerol foram também secos sob vácuo durante 1 hora antes de serem utilizados. O THF seco foi obtido a partir de um sistema de destilação

anidra (SDS). Todas as reacções foram realizadas sob atmosfera de N2, salvo indicação em contrário, e todo o material de vidro foi seco sob vácuo antes de ser utilizado.
Os procedimentos sintéticos detalhados e as caracterizações do monómero fotoestável 2-Cl-4-diol-HABI são apresentados no Esquema 2-1.

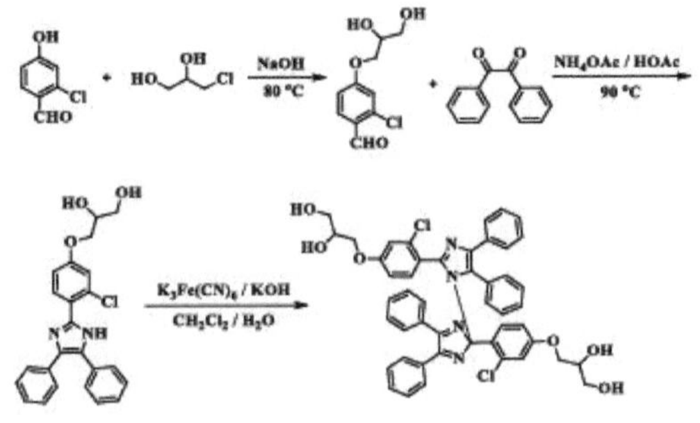

Esquema 2-1 Rotas sintéticas do 2-Cl-4-diol-HABI.
(1) Síntese do 2-cloro-4-(2,3-dihidroxipropoxi)benzaldeído: Num balão de fundo plano de dois frascos, formou-se uma solução de hidróxido de sódio (2,80 g, 0,069 mol) em água (50 ml). Com agitação, adicionou-se o 2-cloro-4-hidroxibenzaldeído (3,6 g, 0,023 mmol) e a mistura foi aquecida a 80 °C sob atmosfera de azoto. Uma vez a 80 °C, adicionou-se 3-cloro-1,2-propanol (4,3 ml, 0,051 mol) e a reação foi mantida a 80 °C durante 12 horas. Depois de arrefecer até à temperatura ambiente, adicionou-se uma solução de ácido clorídrico concentrado (6 ml, 0,068 mol) em água (50 ml) e a reação foi mantida a 80 °C durante mais uma hora. Uma vez arrefecida à temperatura ambiente, o líquido foi decantado e o sólido remanescente dissolvido em acetato de etilo. Esta solução foi lavada por vezes com água e solução salina. Após secagem da camada de acetato de etilo sobre sulfato de magnésio, decapagem e concentração, o produto em bruto foi purificado por cromatografia em fase flash eluindo com acetato de etilo/hexano (4/1, v/v) e seco no vácuo para dar 2-cloro-4-(2,3-dihidroxipropoxi)benzaldeído como um líquido oleoso amarelo acastanhado (4,8 g, 90 % de rendimento).
1H NMR (600 MHz, CD3OD) 5 (ppm): 10,27 (s, 1H), 7,86 (d, J = 8,7 Hz, 1H), 7,10 (d, J = 2,3 Hz, 1H), 7,04 (m, 1H), 4.18 (m, 1H), 4.08 (m, 1H), 3.99 (m, 1H), 3.71-3.63 (m, 2H), 3.61 (q, J = 7.1 Hz, 1H), 1.18 (q, J = 7.0 Hz, 1H).
^{13}RMN de C (151 MHz, DMSO) 5 (ppm): 188,56, 164,49, 138,72, 131,70, 125,72, 116,24, 115,06, 71,07, 70,17, 62,90.
LC-MS (APCI): calculado 230,6, e encontrado 230,8.
(2) Síntese do 2-Cl-4-diol-TPI Num balão de dois gargalos, o benzil (2,1 g, 10 mmol), o 2-cloro-4-(2,3-dihidroxipropoxi)benzaldeído (1,9 g, 8,2 mmol) e o acetato de amónio (6,3 g, 81,8 mmol) foram dispersos em ácido acético (40 ml). A mistura foi agitada e aquecida a 90 °C durante 1 dia. Depois de terminada a reação, o orgânico foi adicionado à salmoura gota a gota e depois neutralizado com uma solução aquosa de hidróxido de sódio. O precipitado branco foi filtrado, lavado com água e depois com tolueno para remover o excesso de benzil. O sólido remanescente foi seco no vácuo a 60 °C durante 1 dia. Finalmente, foram obtidos 2,5 g de pó branco, com um rendimento de 72,5%.
^{1}H NMR (600 MHz, DMSO) 5 (ppm): 12.49 (s, 1H), 7.70 (d, J = 8.6 Hz, 1H), 7.51 (m, 4H), 7.42 (t, J = 7.2 Hz, 2H), 7.38-7.33 (m, 1H), 7.30 (t, J = 7.2 Hz, 2H), 7.22 (d, J = 7.0 Hz, 1H),

7.17 (s, 1H), 7.06 (m, 1H), 5.02 (d, J = 4.6 Hz, 1H), 4.72 (d, J = 4.8 Hz, 1H), 4.11 (m, 1H), 4.00-3.93 (m, 1H), 3.82 (d, J = 4.6 Hz, 1H), 3.47 (d, J = 5.2 Hz, 2H). ^{13}RMN de C (151 MHz, DMSO) 5 (ppm): 160,04, 143,93, 137,07, 135,69, 132,80, 132,78, 131,48, 129,11, 128,62, 128,08, 127,61, 126,93, 122,92, 116,21, 114,31, 70,74, 70,31, 67,49, 63,03, 60,70.

LC-MS (APCI): calculado 420.1, e encontrado 420.9.

(3) Síntese de 2-Cl-4-diol-HABI: Num balão de 250 ml equipado com um funil de pressão constante (V_{max} = 50 ml) e coberto com folha de alumínio, dissolveu-se 2-Cl-4-diol-TPI (1 g, 2,4 mmol) em diclorometano (40 ml). O $K_3Fe(CN)_6$ (8 g, 24 mmol) e o KOH (2,7 g, 48 mmol) foram completamente dissolvidos em água desionizada (20 ml) e depois transferidos para o funil de pressão constante. Esta solução aquosa foi adicionada gota a gota e a mistura foi vigorosamente agitada durante 12 h. A reação foi monitorizada por placa de TLC até todos os materiais de partida terem sido consumidos. Depois de terminada a reação, a camada orgânica foi recolhida, evaporada sob pressão reduzida e o resíduo foi purificado por cromatografia em coluna sobre gel de sílica (eluente: acetato de etilo:hexano = 1:4, v/v). Finalmente, obteve-se 0,85 g de pó amarelo pálido, com um rendimento de 85%.

^{1}H NMR (600 MHz, DMSO) 5 (ppm): 7.67-7.50 (m, 6H), 7.46 (t, J = 7.2 Hz, 1H), 7.367.20 (m, 7H), 7.19-7.04 (m, 5H), 6.99 (m, 3H), 6.87 (t, J = 10.3 Hz, 1H), 6.71 (s, 1H), 6.56 (t, J = 18.7 Hz, 1H), 6.22 (m, 1H), 5.00 (t, J = 4.5 Hz, 1H), 4.93 (d, J = 5.0 Hz, 1H), 4.71 (t, J = 5.5 Hz, 1H), 4.64 (d, J = 2.7 Hz, 1H), 3.97-3.68 (m, 5H), 3.51 (s, 1H), 3.45 (d, J = 3.7 Hz, 2H), 3.42-3.35 (m, 2H).

^{13}C NMR (151 MHz, DMSO) 5 (ppm): 159.92, 159.81, 143.80, 137.40, 134.81, 134.64, 132.05, 131.92, 131.81, 130.50, 129.94, 129.59, 129.54, 129.02, 128.56, 128.43, 128.36, 128.24, 126.59, 126.53, 126.46, 117.13, 112.93, 110.74, 70.64, 70.30, 70.26, 70.11, 63.16, 63.11, 63.00.

LC-MS (APCI): calculado 838,2, e encontrado 838,6.

Os procedimentos sintéticos detalhados dos polímeros PPU e da sua amostra de controlo são os seguintes

(1) Síntese dos elastómeros PPU1: O poli(tetrametilenoglicol) ($PTMG_{1000}$) (1,9 g, 1,9 mmol, 12,5 equiv) e o catalisador dilaurato de di-n-butilestanho (DBTDL) (8 mg, 0,013 mmol, 0,1 equiv) foram dissolvidos em 5 ml de tetra-hidrofurano anidro (THF) para formar a solução A. O HABI funcionalizado com tetra-hidroxi (384 mg, 0,456 mmol, 3 equiv) e o glicerol (14 mg, 0,152 mmol, 1 equiv) foram dissolvidos em 5 ml de THF anidro para formar a solução B. As soluções A e B foram misturadas e agitadas à temperatura ambiente durante 30 minutos. O diisocianato de hexametileno (HDI) (350 mg, 2,08 mmol, 13,7 equiv) foi então adicionado gota a gota à solução acima misturada. Em seguida, a mistura foi aquecida e agitada a 30 °C sob vácuo para remover o THF, desgaseificada e vertida para um molde de Teflon. O molde foi mantido numa estufa com purga de N_2 a 45 °C durante 2 dias. As amostras finais foram retiradas do molde e mantidas em condições ambientais durante 12 horas antes do ensaio.

(2) Síntese dos elastómeros PPU2: O poli(tetrametilenoglicol) ($PTMG_{850}$) (1,615 g, 1,9 mmol, 12,5 equiv) e o catalisador dilaurato de di-n-butilestanho (DBTDL) (8 mg, 0,013 mmol, 0,1 equiv) foram dissolvidos em 5 ml de tetra-hidrofurano anidro (THF) para formar a solução A. Dissolveu-se HABI funcionalizado com tetrahidroxi (128 mg, 0,152 mmol, 1 equiv) e glicerol (42 mg, 0,46 mmol, 3 equiv) em 5 ml de THF anidro para formar a solução B. As soluções A e B foram misturadas e agitadas à temperatura ambiente durante 30 minutos. O diisocianato de hexametileno (HDI) (350 mg, 2,08 mmol, 13,7 equiv) foi então adicionado gota a gota à solução acima misturada. Em seguida, a mistura foi aquecida e agitada a 30 °C sob vácuo

para remover o THF, desgaseificada e vertida para um molde de Teflon. O molde foi mantido numa estufa com purga de N_2 a 45 °C durante 2 dias. As amostras finais foram retiradas do molde e mantidas em condições ambientais durante 12 horas antes do ensaio.

(3) Síntese dos elastómeros PPU3: O poli(tetrametilenoglicol) (PTMG2000) (3,8 g, 1,9 mmol, 12,5 equiv) e o catalisador dilaurato de di-n-butilestanho (DBTDL) (8 mg, 0,013 mmol, 0,1 equiv) foram dissolvidos em 5 ml de tetrahidrofurano anidro (THF) para formar a solução A. Dissolveu-se HABI funcionalizado com tetrahidroxi (128 mg, 0,152 mmol, 1 equiv) e glicerol (42 mg, 0,46 mmol, 3 equiv) em 5 ml de THF anidro para formar a solução B. As soluções A e B foram misturadas e agitadas à temperatura ambiente durante 30 minutos. O diisocianato de hexametileno (HDI) (350 mg, 2,08 mmol, 13,7 equiv) foi então adicionado gota a gota à solução acima misturada. Em seguida, a mistura foi aquecida e agitada a 30 °C sob vácuo para remover o THF, desgaseificada e vertida para um molde de Teflon. O molde foi mantido numa estufa com purga de N_2 a 45 °C durante 2 dias. As amostras finais foram retiradas do molde e mantidas em condições ambientais durante 12 horas antes do ensaio.

(4) Síntese dos elastómeros das amostras de controlo de PU: O poli(tetrametilenoglicol) (PTMG1000) (1,9 g, 1,9 mmol, 12,5 equiv) e o catalisador dilaurato de di-n-butilestanho (DBTDL) (8 mg, 0,013 mmol, 0,1 equiv) foram dissolvidos em 5 ml de tetrahidrofurano anidro (THF) para formar a solução A. O glicerol (56 mg, 0,608 mmol, 4 equiv) foi dissolvido em 5 ml de THF anidro para formar a solução B. As soluções A e B foram misturadas e agitadas à temperatura ambiente durante 30 minutos. O diisocianato de hexametileno (HDI) (350 mg, 2,08 mmol, 13,7 equiv) foi então adicionado gota a gota à solução acima misturada. Em seguida, a mistura foi aquecida e agitada a 30 °C sob vácuo para remover o THF, desgaseificada e vertida para um molde de Teflon. O molde foi mantido numa estufa com purga de N_2 a 45 °C durante 2 dias. As amostras finais foram retiradas do molde e mantidas em condições ambientais durante 12 horas antes do ensaio.

2.2.2 Caracterização e instrumentação

Os espectros de RMN (^{1}H e ^{13}C) foram obtidos utilizando um Bruker AV600 de 600 M e um padrão interno de tetrametilsilano. As constantes de acoplamento (*J*) foram registadas em Hertz (Hz) e os padrões de separação foram designados por s (singleto), d (doublet), t (tripleto), q (quarteto) e m (multipleto). Os espectros de massa foram obtidos através do Agilent 1100 LC/MSD Trap. As medições de absorvância UV-visível foram efectuadas com um espetrofotómetro UV-Visível (UV-3600) da Shimadzu entre 300 e 800 nm. As imagens ópticas foram captadas com uma lente digital Single Lens Reflex (NIKON D90). Os espectros de IV foram registados com VERTEX 70. A temperatura de transição vítrea da PPU foi determinada utilizando a calorimetria diferencial de varrimento (DSC) (-60-80 °C, 10 °C/min) realizada num Diamond DSC. As medições de tensão-deformação e de relaxamento da tensão foram efectuadas num sistema Instron E1000 (EHF-UV100k2-040-1A) da Shimadzu. A irradiação a 405 nm foi efectuada com um laser (100 mW). A luz visível foi obtida a partir de um candeeiro de mesa comum (4 mW).

2.2.3 Ensaios mecânicos de fotoplásticos

Os testes de tração estáticos foram realizados à temperatura ambiente a uma velocidade de 2 mm/min. Em primeiro lugar, foi efectuado um teste de estiramento na amostra inicial de PU em forma de haltere (3,6 cm x 0,38 cm x 0,22 cm) até uma tensão de 100%. A largura do PU em forma de haltere é a largura média da amostra. A amostra foi então libertada para voltar ao comprimento inicial e o ensaio de tração foi realizado novamente com a mesma amostra, que foi irradiada continuamente com um laser de 405 nm. No final da primeira ronda de ensaios, a amostra foi colocada no ambiente escuro durante 12 horas, seguindo-se uma segunda ronda de ensaios, que foi repetida três vezes.

2.3 Resultados e discussão

O elastómero PPU de reticulação dupla foi preparado a partir da copolimerização de politetrametilenoglicol ($PTMG_{1000}$), diisocianato de hexametileno (HDI), catalisador de dilaurato de di-n-butilestanho (DBTDL), glicerol e reticulador fotocrómico de quatro braços HABI (2-Cl-4-diol-HABI) (Fig. 2-1a). Como pontos de reticulação fixos, as redes à base de glicerol mantêm a elasticidade permanente dos materiais PPU, enquanto as ligações dinâmicas co-valentes de HABI permitem o desempenho fotoplástico e auto-regenerativo dos materiais PPU devido ao equilíbrio dinâmico entre HABIs e TPIRs em condições suaves. A razão molar de 2-Cl-4-diol-HABI, glicerol, PTMG e HDI é optimizada para ser 1:3:12.5:13.7 para assegurar a resiliência da rede PPU antes e depois da dissociação foto-induzida do reticulador HABI. O átomo de halogéneo na *posição o* aceleraria a cinética de desvanecimento e melhoraria a resistência à fadiga [25]. O fotocromismo do 2-Cl-4-diol-HABI é investigado em solução de THF por espectros UV-vis. Antes da irradiação, não é detectado qualquer pico de absorção na região do visível, enquanto que dois novos picos a 385 nm e 600 nm surgem após 2 s de irradiação (Fig. 2-2a). Foi observada a mudança de cor do 2-Cl-4-diol-HABI em solução antes e depois da irradiação (Fig. 2-2a). A cinética de desvanecimento das espécies coloridas indica que a densidade ótica diminui rapidamente nos primeiros 100 s, tornando-se depois plana após 300 s (Fig. 2-2b). O tempo de meia-vida ($t_{1/2}$) das espécies coloridas é calculado em 60 s. A curva de $1/[A_t] \sim t$ indica que a recombinação dos TPIRs é uma reação de primeira ordem (Fig. 2-2b). A absorvância do 2- Cl-4-diol-HABI pode ser alterada com irradiação UV periódica, demonstrando que o fotocromismo do 2-Cl-4-diol-HABI possui elevada reversibilidade (Fig. 2-2c).

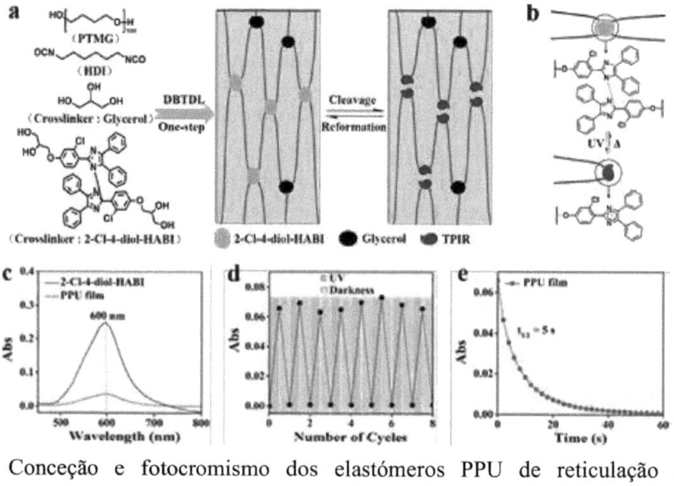

Fig. 2-1. Conceção e fotocromismo dos elastómeros PPU de reticulação dupla. (a) Representação esquemática da composição química e da estrutura de rede dos elastómeros de PPU. (b) Clivagem e reformação da ligação covalente dinâmica em HABI. (c) Espectros de absorção UV-vis do 2-Cl-4-diol-HABI e do elastómero PPU após irradiação a 405 nm. (d) Alteração da absorvância medida a 600 nm da PPU sujeita a irradiação UV e a ciclos de recuperação térmica. Áreas cor-de-rosa: irradiação a 405 nm durante 10 s. Áreas ciano: após

cessação do laser de 405 nm. (e) A cinética de desvanecimento da película de PPU colorida. *t1/2* é o tempo de meia-vida da absorvância dos TPIRs na película de PPU.

A película fina transparente (espessura da película: 0,1 cm) de elastómero PPU de reticulação dupla é preparada por moldagem reactiva. Após irradiação com laser de 405 nm durante 10 s, a película incolor de PPU torna-se azul e foi detectado um pico de absorção em torno de 600 nm, o que está de acordo com o fotocromismo de 2-Cl-4-diol-HABIs (Fig. 2-1c). A resistência à fadiga da PPU indica que o processo fotoinduzido pode ser efectuado de forma reversível mais de 8 vezes (Fig. 2-1d). Após irradiação laser a 405 nm durante 10 s, a densidade ótica aumenta rapidamente devido à dissociação fotoinduzida de HABI para TPIRs (área cor-de-rosa na Fig. 2-1d). Depois de cessar a luz, a densidade ótica diminui para o estado inicial (área ciano na Fig. 2-1d). É de salientar que a densidade ótica na película de PPU diminui para metade em 5 s ($t1/2,_{PPU}$ = 5 s) (Fig. 2-1e), o que é muito mais rápido do que o 2-Cl-4-diol-HABI no estado de solução ($t1/2,_{solução}$ = 60 s) (Fig. 2-2b), indicando
que os TPIRs na película PPU possuem uma capacidade de recombinação mais rápida.

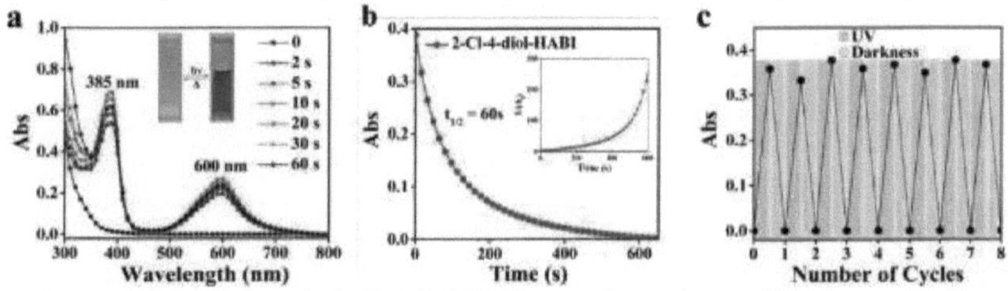

Fig. 2-2 Propriedades ópticas do 2-Cl-4-diol-HABI em solução de tetra-hidrofurano. (a) Espectros UV-vis em solução após vários tempos de irradiação de 405 nm. A figura em (a) mostra a fotografia do 2-Cl-4-diol-HABI antes e depois da irradiação UV. (b) A cinética de desvanecimento das espécies coloridas em solução (concentração [c]=5x10^{-5} mol/L), e o gráfico de 1/[A_t] ~ t está inserido em (b). (c) Alteração da absorvância medida a 600 nm do 2-Cl-4-diol-HABI sujeito a irradiação UV e a ciclos de recuperação térmica. Áreas púrpura: irradiação a 405 nm durante 5 s. Áreas ciano: após cessação do laser de 405 nm.

Os elastómeros de PPU apresentam um excelente comportamento macroscópico de fotocura à temperatura ambiente. Dois espécimes de PPU em forma de haltere contendo HABI foram cortados com uma lâmina de barbear (Fig. 2-3a). Os pedaços cortados de diferentes espécimes foram pressionados em conjunto. Um dos espécimes de PPU foi corado com Rodamina B durante a preparação, para que se pudessem distinguir dois blocos de PPU com cores diferentes na imagem. Após a cura durante 12 h sob iluminação de um candeeiro de mesa à temperatura ambiente, o espécime de PPU combinatório com cores diferentes não fracturou na posição cortada/reselada, mesmo sob tensão de estiramento manual. Em comparação, as peças cortadas do controlo de PU com reticulador de glicerol apenas não puderam ser aglutinadas e são vulneráveis a partir-se em duas partes por estiramento manual depois de serem colocadas sob luz visível durante 12 h. Estes resultados indicam que a capacidade de auto-regeneração tem origem nas ligações HABI dinâmicas foto-induzidas (Fig. 2-3b).

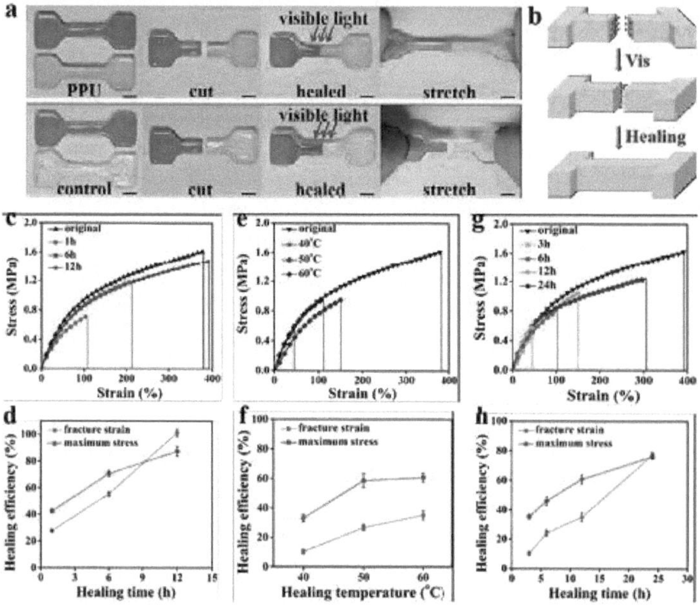

Fig. 2-3 Fotocura de elastómeros de PPU. (a) Fotografias de PPU de reticulação dupla auto-regenerável comparadas com o controlo de PU sem HABI sob luz visível à temperatura ambiente. Estado original, cortado, cicatrizado (12h) e esticado. Barras de escala, 0,5 cm. (b) Esquema do elastómero PPU auto-regenerável, indicando que a capacidade de auto-regeneração tem origem na clivagem foto-induzida e na reformação de C-N em HABI. (c) Curvas tensão-deformação de cura para diferentes tempos de cura (1, 6 e 12 h) dos elastómeros PPU sob luz visível à temperatura ambiente. (d) Dependência da tensão de fratura e da tensão máxima no tempo de cura sob luz visível a partir de c). (e) Curvas tensão-deformação para o PPU após cura durante 12 h a diferentes temperaturas (40, 50 e 60 °C) sem irradiação. (f) Dependência da tensão de fratura e da tensão máxima nas temperaturas de cicatrização de e). (g) Curvas tensão-deformação para a cicatrização da PPU durante diferentes tempos (3, 6, 12 e 24 h) a 60 °C sem irradiação. (h) Dependência da tensão de fratura e da tensão máxima no tempo de cicatrização a 60 °C. Note-se que a tensão de fratura e a tensão máxima são o valor médio de três experiências repetidas. As barras de erro mostram o desvio padrão.

Para avaliar quantitativamente este comportamento de cicatrização, foram realizados ensaios de tração utilizando os espécimes em forma de haltere. Os efeitos do tempo de cicatrização e da temperatura no processo de cicatrização foram sistematicamente investigados. A Fig. 2-3c mostra curvas típicas de tensão-deformação para PPU antes e depois da cicatrização durante 1 h, 6 h e 12 h sob luz visível à temperatura ambiente. As curvas tensão-deformação dos espécimes de PPU com auto-regeneração aproximaram-se gradualmente das do espécime original intacto ao prolongar o tempo de regeneração. A tensão na rutura da amostra de PPU após a cicatrização durante 6 h torna-se o dobro da tensão após a cicatrização durante 1 h e metade da tensão após a cicatrização durante 12 h (Fig. 2-3d). Mais de 80% da tensão máxima original da fratura é recuperada, enquanto a tensão de rutura se torna superior a 100% após 12 h de cicatrização, indicando um excelente desempenho de auto-regeneração. Considerando que as redes de glicerol permanentemente reticuladas não têm a capacidade de auto-regeneração após o corte sob luz visível, a densidade total de reticulação e o módulo de elasticidade diminuem ligeiramente nos espécimes de PPU após a regeneração. Como resultado, a deformação máxima após a cicatrização durante 12 h sob luz visível é ligeiramente superior à do original, enquanto a tensão de fratura não pode regressar à do original. Isto deve-se possivelmente ao facto de a tenacidade parcialmente diminuída da PPU sob uma tensão relativamente pequena após 12 h de cicatrização sob iluminação, causar o ligeiro alongamento dos materiais de PPU com autocura mais do que o original.

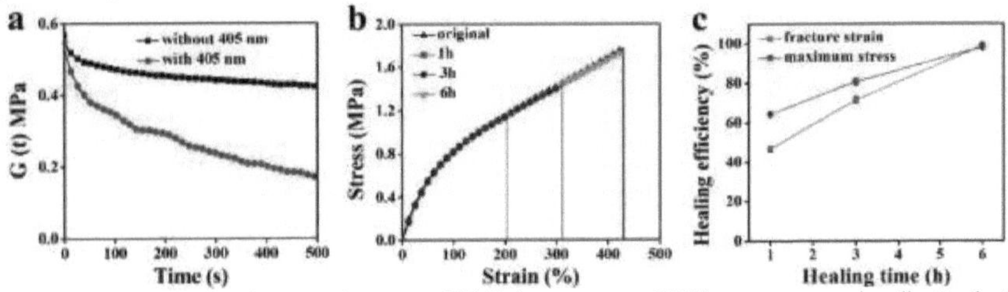

Fig. 2-4 (a) Módulo de relaxação da tensão [G(t)] das amostras PPU1 com ou sem irradiação de 405 nm. A tensão aplicada neste ensaio é de 50%. (b) Curvas tensão-deformação de cura para diferentes tempos de cura (1, 3 e 6 h) dos elastómeros PPU1 sob luz visível à temperatura ambiente. (c) Dependência da deformação de fratura e da tensão máxima no tempo de cura sob luz visível a partir de b). Note-se que a tensão de fratura e a tensão máxima são o valor médio de três experiências repetidas. As barras de erro mostram o desvio padrão.

A eficiência de auto-regeneração dos materiais de poliuretano (PU) pode ser melhorada quando é utilizado menos glicerol. Para verificar o pressuposto, foi sintetizado e caracterizado mais um elastómero de poliuretano (PPU1) (Fig. 2-4), no qual a razão molar do reticulador dinâmico HABI para o reticulador estático de glicerol foi melhorada de 1:3 para 3:1. Os testes de relaxamento de tensão foram efectuados para comparar a diferença na mobilidade da cadeia da PPU original e da PPU1. Em 500 segundos, a atenuação do módulo de relaxamento da tensão [G(t)] da PPU original antes e depois da irradiação de 405 nm é de 0,15 MPa e 0,24 MPa, respetivamente (Fig. 2-6h). A atenuação do módulo de relaxação da tensão [G(t)] da PPU1 antes e depois da irradiação de luz é de 0,15 MPa e 0,38 MPa, respetivamente (Fig. 2-4a). A atenuação de G(t) é a mesma antes da irradiação de 405 nm, indicando que o HABI e o glicerol têm o mesmo papel de reticulador sem irradiação de luz. No entanto, após irradiação de 405 nm, a atenuação de G(t) para PPU1 é superior à de PPU. Obviamente, a mobilidade da cadeia dos materiais PPU1 que contêm HABI com ligações cruzadas mais dinâmicas é maior do que a dos materiais PPU sob irradiação de 405 nm, o que é mais propício à auto-regeneração sob irradiação.

Para avaliar quantitativamente este comportamento de cicatrização, foram realizados testes de tração utilizando os espécimes em forma de haltere. Os efeitos do tempo de cicatrização no processo de cicatrização foram sistematicamente investigados. A Fig. 2-4b mostra curvas típicas de tensão-deformação para PPU1 antes e depois da cicatrização durante 1 h, 3 h e 6 h sob luz visível à temperatura ambiente. As curvas tensão-deformação dos espécimes de PPU1 com auto-regeneração aproximaram-se gradualmente das do espécime original intacto ao prolongar o tempo de regeneração. Mais de 99% da tensão e deformação máximas da fratura original são recuperadas após a cicatrização durante 6 h (Fig. 2-4c). No entanto, cerca de 80% da tensão máxima original da fratura é recuperada após a cura durante 12 h para a PPU (Fig.

2-3d). Pode concluir-se que a PPU1 tem um melhor desempenho de auto-regeneração do que a PPU sob irradiação de luz. O desempenho de recuperação será melhorado aumentando a proporção de reticulante dinâmico HABI em materiais de elastómero de poliuretano, à medida que o número de ligações covalentes dinâmicas foto-responsivas aumenta e o reticulante permanente de glicerol diminui. Apesar disto, neste manuscrito, temos de considerar a resiliência ou reversibilidade dos materiais PPU após serem expostos a uma irradiação de 405 nm, pelo que foi utilizada a proporção óptima de glicerol e HABI. A resiliência dos materiais PPU1 após a deformação é pior do que a PPU, devido ao menor número de unidades de reticulação fixas na PPU1. Para garantir uma velocidade de resposta rápida e a reversibilidade após a deformação sob iluminação leve, a proporção de vários componentes químicos nos materiais de elastómero PPU é mais racional do que a PPU1.

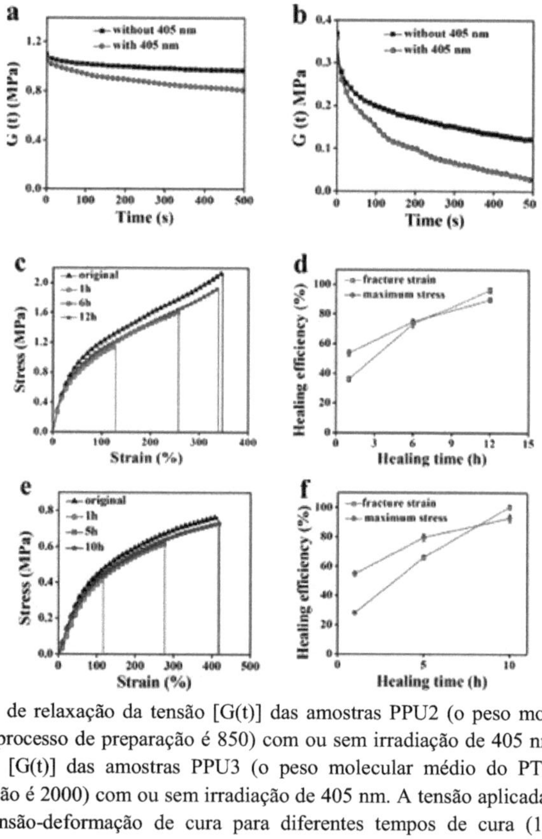

Fig. 2-5 (a) Módulo de relaxação da tensão [G(t)] das amostras PPU2 (o peso molecular médio do PTMG utilizado no processo de preparação é 850) com ou sem irradiação de 405 nm. (b) Módulo de relaxação da tensão [G(t)] das amostras PPU3 (o peso molecular médio do PTMG utilizado no processo de preparação é 2000) com ou sem irradiação de 405 nm. A tensão aplicada nos ensaios é de 50%. (c) Curvas tensão-deformação de cura para diferentes tempos de cura (1, 6 e 12 h) dos elastómeros PPU2 sob luz visível à temperatura ambiente. (d) Dependência da tensão de fratura e da tensão máxima no tempo de cura sob luz visível a partir de c). (e) Curvas tensão-deformação de cura para diferentes tempos de cura (1, 5 e 10 h) dos elastómeros PPU3 sob luz visível à temperatura ambiente. (f) Dependência da tensão de fratura e da tensão máxima no tempo de cicatrização sob luz visível a partir de e). Note-se que a tensão de fratura e a tensão máxima são o valor médio de três experiências repetidas. As barras de erro mostram o desvio padrão.

A dependência da temperatura da auto-regeneração no escuro é examinada utilizando curvas típicas de tensão-deformação para os espécimes de PPU antes e depois da regeneração durante 12 h a 40 °C, 50 °C e 60 °C (Fig. 2-3e). Após a auto-regeneração durante 12 h a 40 °C, a tensão na rutura recupera para ~10%. Aumentando para 60 °C, a recuperação da deformação é ainda inferior a 40% (Fig. 2-3f). A recuperação da tensão também é fraca. O desempenho da auto-regeneração a temperaturas mais elevadas é mais eficiente do que à temperatura ambiente, mas muito mais fraco do que com a iluminação da luz. Além disso, a Fig. 2-3g mostra curvas típicas de tensão-deformação para PPU antes e depois da cicatrização durante 3 h, 6 h, 12 h e 24 h a 60 °C sem irradiação de luz. É demonstrado que o desempenho da recuperação melhora com o aumento do tempo de cicatrização. A recuperação de aproximadamente 80% da deformação original da fratura e da tensão máxima pode ser alcançada após a cicatrização a 60 °C durante 24 h no escuro (Fig. 2-3h). Em comparação, a iluminação com luz durante 12 h à temperatura ambiente atinge uma recuperação de 90% (Fig. 2-3d). Por conseguinte, conclui-se que a iluminação com luz provoca um desempenho de cicatrização muito melhor do que a elevação da temperatura.

A auto-regeneração também envolve a mobilidade das cadeias poliméricas. A mobilidade das cadeias poliméricas favorece o processo de auto-regeneração. Para ilustrar melhor o efeito de um maior teor de reticulante dinâmico HABI e de diferentes comprimentos de cadeia PTMG nos comportamentos de auto-regeneração, foram sintetizados outros três tipos de materiais de poliuretano (PU). Foram sintetizados e caracterizados elastómeros de poliuretano (PPU1), nos quais a razão molar do reticulador dinâmico HABI para o reticulador estático de glicerol foi melhorada de 1:3 para 3:1 (Fig. 2-4). Foram sintetizados materiais de PU (PPU2 e PPU3) com diferentes comprimentos de cadeia PTMG (PTMG850 e PTMG2000). Foram efectuados testes de relaxamento de tensão e testes de tração para demonstrar a diferença na mobilidade da cadeia e a eficiência de auto-regeneração destes materiais sob iluminação (Fig. 2-5).

Para ilustrar o efeito do comprimento das cadeias de PPU na mobilidade das cadeias, foram sintetizados recentemente materiais de PPU (PPU2 e PPU3) com diferentes comprimentos de cadeia de PTMG (PTMG850 e PTMG2000). Foram efectuados testes de relaxamento da tensão para demonstrar a diferença na mobilidade da cadeia destes materiais (Fig. 2-5a e Fig. 2-5b). A tensão aplicada neste ensaio é de 50%. Em 500 segundos, a atenuação do módulo de relaxação da tensão [G(t)] do PPU2 contendo PTMG850 antes e depois da irradiação de 405 nm é de 0,14 MPa e 0,23 MPa, respetivamente (Fig. 2-5a). A atenuação do módulo de relaxação da tensão [G(t)] da PPU3 contendo PTMG2000 antes e depois da irradiação de 405 nm é de 0,25 MPa e 0,33 MPa, respetivamente (Fig. 2-5b). Ao mesmo tempo, quanto maior for a atenuação do módulo de relaxamento da tensão [G (t)], melhor será a mobilidade das cadeias poliméricas e mais benéfica será a auto-regeneração. Os resultados acima referidos indicam que o PTMG2000 é mais propício à auto-regeneração do que outros materiais de elastómero de poliuretano com PTMG mais curto. Além disso, como se mostra na Fig. 2-5, o módulo de tensão de tração inicial do PPU2 é o maior (1,1 MPa), enquanto o do PPU3 é o mais baixo (cerca de 0,37 MPa) e o PPU3 tem a pior tenacidade. Tendo em conta a integração de excelentes propriedades físicas de auto-regeneração, deformação foto-dirigida e mecânica num único material ao mesmo tempo, os materiais PPU contendo PTMG1000 são a escolha de compromisso nas actuais condições experimentais.

Para avaliar quantitativamente este comportamento de cicatrização do PPU2 e do PPU3, foram efectuados testes de tração utilizando os mesmos espécimes em forma de haltere que anteriormente (Fig. 2-5). Os efeitos do tempo de cicatrização no processo de cicatrização foram sistematicamente investigados. A Fig. 2-5c mostra curvas típicas de tensão-deformação para PPU2 antes e depois da cura durante 1 h, 6 h e 12 h sob luz visível à temperatura ambiente. As curvas tensão-deformação dos espécimes PPU2 curados aproximaram-se gradualmente das curvas do espécime original intacto ao prolongar o tempo de cura. Cerca de 89% da tensão máxima da fratura original e 96% da deformação da fratura original são recuperados após a cicatrização durante 12 h (Fig. 2-5d). No entanto, quase 100% da tensão de fratura original é recuperada após a cura durante 12 h para a PPU, embora a tensão máxima de fratura seja recuperada em cerca de 85% (Fig. 2-3d). A eficiência de auto-regeneração do PPU2 é semelhante à dos materiais PPU sob irradiação de luz. A Fig. 2-5e mostra curvas típicas de tensão-deformação para PPU3 antes e depois da cicatrização durante 1 h, 5 h e 10 h sob luz visível à temperatura ambiente. Cerca de 90% da sua tensão máxima de fratura original e ~100% da deformação de fratura original são recuperados após a cicatrização durante 10 h (Fig. 2-5f). O tempo utilizado para a auto-regeneração da PPU3 é mais curto do que o da PPU e da PPU2 para obter a melhor eficiência de auto-regeneração. A PPU3 com cadeias PTMG mais longas tem uma melhor eficiência de auto-regeneração do que a PPU e a PPU2. As conclusões acima são consistentes com os testes reológicos.

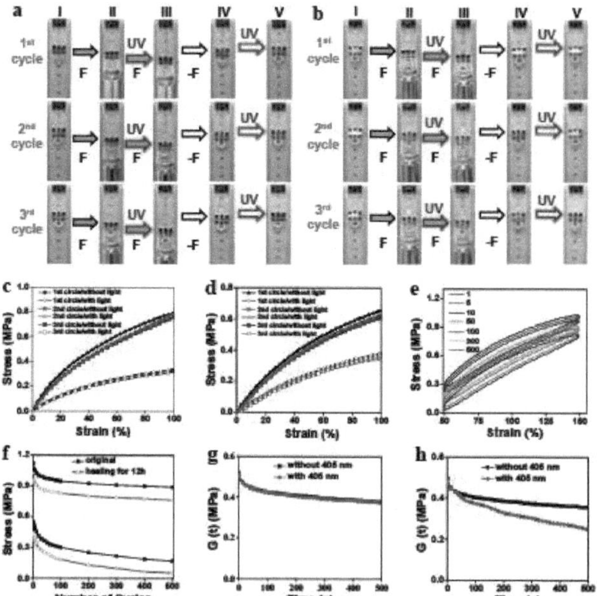

Fig. 2-6 Ensaio mecânico fotoplástico de molas PPU. (a) Alongamento e contração foto-induzidos de molas PPU. I: estado original; II: extensão elástica sob peso de carga (100 g); III: deformação plástica com peso de carga após irradiação de luz de 405 nm; IV: descarga e remoção da luz de 405 nm; V: estado de recuperação após irradiação de 405 nm. "**F**" representa "peso de carga". "-**F**", significa "peso de descarga". As setas representam os vários níveis de deformação. O cinzento representa o peso de carga e o branco o peso de descarga. (b) Alongamento e contração repetíveis foto-induzidos das molas PPU após auto-regeneração durante 12 h sob luz visível. I: estado original; II: extensão elástica sob peso de carga (100 g); III: deformação plástica com peso de carga após irradiação de luz de 405 nm; IV: descarga e remoção da luz de 405 nm; V: estado de recuperação após irradiação de 405 nm. "**F**" representa "peso de carga". "-**F**", significa "peso de descarga". As setas representam os vários níveis de deformação. O cinzento representa o peso de carga e o branco o peso de descarga. (c) Curvas tensão-

deformação reversíveis do elastómero PPU original em forma de haltere (3,6 cm x 0,38 cm x 0,22 cm) após irradiação de luz cíclica. (d) Curvas tensão-deformação reversíveis do elastómero PPU fotopolimerizado (3,6 cm x 0,38 cm x 0,22 cm) após irradiação de luz cíclica. (e) As curvas de carga-descarga de 50% de deformação a 150% de deformação do elastómero PPU após cicatrização durante 12 h sob luz visível, que é obtida a partir de 500 ciclos contínuos a 1 Hz. (f) As tensões mínima (50% de deformação) e máxima (150% de deformação) do elastómero PPU após cicatrização durante 12 h sob luz visível (pontos vermelhos ocos) e a original (quadrados pretos) em 500 curvas contínuas de carga/descarga de 50% de deformação a 150% de deformação. Note-se que, na figura, o fim da curva carga-descarga não indica a falha do espécime. (g) Módulo de relaxação da tensão [G(t)] das amostras de controlo de PU com ou sem irradiação de 405 nm. (h) Módulo de relaxamento da tensão [G(t)] das amostras de PPU originais com ou sem irradiação de 405 nm.

O alongamento e a contração repetíveis foto-induzidos dos elastómeros PPU de reticulação dupla actuam como molas fotoplásticas artificiais, o que é demonstrado pelo peso da carga após irradiação de luz de 405 nm (Fig. 2-6a). As amostras de PPU foram moldadas termicamente em forma de haltere (Fig. 2-7a). No início, a amostra original (Estado I) foi esticada durante 30 minutos com um peso de carga (um contrapeso, cerca de 100 g), assegurando que a amostra atingia a extensão elástica fixa (Estado II). A amostra foi então iluminada com um laser de 405 nm (100 mW). É visível a olho nu que o elastómero continuará a alongar-se gradualmente, exibindo uma deformação plástica foto-induzida acompanhada de fotocromismo em 1-2 minutos (Estado III). A área irradiada torna-se azul profunda. Quando deslocámos o recurso de luz para outra área, o azul profundo desapareceu rapidamente. A mancha azul deslocou-se com o movimento da mancha de luz. Posteriormente, ao remover a luz e os contrapesos, o elastómero PPU começa a auto-contrair-se. A tira de PPU mantém uma boa resiliência, mas não consegue recuperar o seu comprimento original (estado IV). Quando irradiámos novamente a amostra de PPU utilizando o laser de 405 nm e a colocámos no escuro durante um período de tempo, verificou-se que a amostra continuava a encolher e, finalmente, aproximava-se do comprimento original (Estado V) (Fig. 2-6a). Os elastómeros PPU de reticulação dupla apresentam uma grande resistência tanto antes como depois da irradiação da luz. No início, os pontos de reticulação dupla da tira de PPU contribuem para a resiliência da película de PPU. Após a irradiação UV, a maioria dos pontos de reticulação HABI são dissociados, os TPIRs resultantes são deslocados devido à gravidade vertical (F) quando a dissociação foto-induzida da ligação C-N no poliuretano ocorre com o peso da carga. Após cessar a irradiação UV, os espécimes de PPU entram num estado pseudo-estável devido ao rearranjo de deslocação dos pontos de reticulação HABI. Ao remover o peso da carga, os espécimes de PPU contraem-se parcialmente devido à existência de pontos de reticulação fixos baseados em glicerol, mas não conseguem recuperar o estado original devido à deslocação dos pontos de reticulação HABI. Nesta altura, a irradiação UV ajudaria a amostra a recuperar o estado original. Após nova irradiação UV, os HABIs decompõem-se em TPIRs, que se deslocam devido ao efeito elástico ou de memória do sistema de reticulação do glicerol. Para minimizar a tensão interna do sistema de reticulação de glicerol, os TPIRs deslocados reorganizam-se para encontrar os TPIRs nos locais originais aquando da segunda irradiação de luz. Assim, a amostra encolherá ainda mais até atingir o seu comprimento inicial. Este comportamento único do polímero de reticulação contendo HABI é atribuído à troca de ligações foto-responsivas das ligações HABI e ao rearranjo da rede resultante. Repetimos a experiência acima três vezes com a mesma amostra. Após três ciclos, a amostra de PPU ainda consegue recuperar quase o comprimento inicial, o que mostra que a amostra tem boa repetibilidade e resistência à fadiga. A resposta optomecânica dos elastómeros PPU é demonstrada por uma experiência de tração estática. As amostras de PPU possuem uma excelente elasticidade sem irradiação UV (Fig. 2-7b). A PPU mostra uma deformação elástica foto-induzida repetível com 100% de deformação antes e depois da irradiação de luz de 405 nm durante três ciclos (Fig. 2-6c). A partir dos perfis típicos de tensão-deformação, observa-se que as propriedades mecânicas dos elastómeros PPU são quase recuperadas após três ciclos, provando ainda que os materiais têm uma excelente repetibilidade e resistência à fadiga.

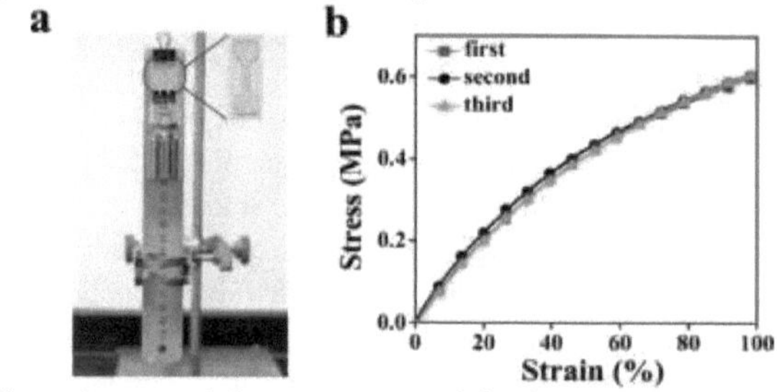

Fig. 2-7 (a) A configuração para a deformação macroscópica fotocontrolada. (b) O ensaio de tração estático com 100% de deformação da mesma amostra de PPU foi realizado três vezes sem irradiação UV.

Os elastómeros de PPU fotocicatrizantes são também examinados como molas fotoplásticas, da mesma forma que os elastómeros de PPU originais. Realizámos as experiências fotoplásticas das molas PPU de auto-regeneração, ou seja, o alongamento e a contração repetíveis e foto-induzidos dos espécimes de PPU após a auto-regeneração durante 12 horas sob luz visível. À semelhança das molas fotoplásticas PPU originais, a amostra PPU auto-regenerável passa por cinco estados: (I) estado original, (II) alongamento elástico com 100 g de peso de carga, (III) alongamento fotoplástico com 100 g de peso de carga sob irradiação UV, (IV) contração elástica sem irradiação UV e peso de carga e (V) contração plástica final foto-induzida. Em primeiro lugar, as amostras originais (estado I) são esticadas durante 30 minutos com um peso de carga (estado II), assegurando que as amostras atingem uma deformação elástica fixa. De seguida, as amostras são irradiadas com um laser de 405 nm. É visível a olho nu que os elastómeros continuarão a alongar-se gradualmente, exibindo uma deformação plástica foto-induzida acompanhada de fotocromismo (Estado III). A área irradiada apresenta uma mudança de cor azul profunda, que se move à medida que deslocamos o recurso de luz para outra área. Posteriormente, ao remover os contrapesos, as molas da PPU começam a contrair-se, mas não conseguem recuperar o seu comprimento original (Estado IV). Após a irradiação de luz de 405 nm durante 10 segundos, seguida de manutenção no escuro, as amostras de PPU continuam a contrair-se e, finalmente, voltam ao seu comprimento original (estado V) (Fig. 2-6b). As experiências foram repetidas três vezes. Foram registados os comportamentos tensão-deformação das molas PPU fotoplásticas auto-regeneráveis. Os resultados medidos também indicam que as propriedades mecânicas dos espécimes cortados são recuperadas após a cura sob luz visível durante 12 h. Observa-se que as molas PPU fotoplásticas auto-regeneráveis apresentam um comportamento tensão-deformação reversível. A tensão inicial a 100% de deformação é de cerca de 0,65 MPa. A tensão a 100% da deformação torna-se 0,36 MPa após a irradiação de 405 nm durante o 1º ciclo. No estado inicial do 2.º ciclo, que é também o estado recuperado após o 1.º ciclo, a tensão a 100% da deformação é de 0,62 MPa, enquanto a tensão desce novamente para 0,34 MPa após a irradiação de 405 nm. No estado inicial do 3.º ciclo, a tensão a 100% de deformação cai para 0,60 MPa, que desce novamente para 0,35 MPa após a irradiação de 405 nm (Fig. 2-6d). Para investigar a resistência à fadiga da PPU após cicatrização durante 12 h sob luz visível num curto espaço de tempo, a PPU original e a PPU com fotocura suportaram 500 ciclos de fadiga contínuos de 50% de tensão a 150% de tensão com uma frequência de oscilação de 1 Hz (Fig. 2-6e e Fig. 2-8a), o que mostra que ambas têm a mesma tendência de decaimento da tensão (Fig. 2-6f). Considerando que as redes de glicerol permanentemente reticuladas não têm a capacidade de se auto-regenerar após o corte sob luz visível, a densidade total de reticulação e o módulo de elasticidade diminuem ligeiramente nos espécimes de PPU após a regeneração. É razoável que a tensão da PPU após a regeneração durante 12 h sob luz visível seja inferior à original. As propriedades fotoplásticas e a resistência à fadiga dos espécimes de PPU autocicatrizantes são semelhantes aos elastómeros de PPU fotoplásticos originais, indicando a boa reciclabilidade, excelente repetibilidade e resistência à fadiga dos materiais de PPU fotoplásticos.

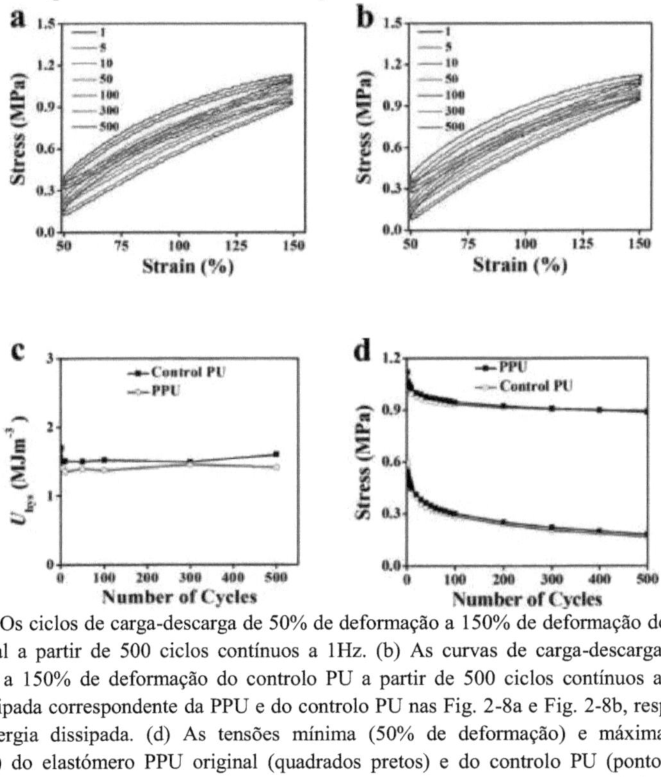

Fig. 2-8 (a) Os ciclos de carga-descarga de 50% de deformação a 150% de deformação do elastómero PPU original a partir de 500 ciclos contínuos a 1Hz. (b) As curvas de carga-descarga de 50% de deformação a 150% de deformação do controlo PU a partir de 500 ciclos contínuos a 1Hz. (c) A energia dissipada correspondente da PPU e do controlo PU nas Fig. 2-8a e Fig. 2-8b, respetivamente. U_{hys} é a energia dissipada. (d) As tensões mínima (50% de deformação) e máxima (150% de deformação) do elastómero PPU original (quadrados pretos) e do controlo PU (pontos vermelhos ocos) em 500 curvas contínuas de carga-descarga de 50% de deformação a 150% de deformação. Note-se que, na figura, o fim da curva carga-descarga não indica a falha do espécime.

Além disso, as curvas de carga-descarga na Fig. 2-6e mostram uma clara histerese. Para provar que os pontos de reticulação dinâmica HABI são mecanicamente lábeis e não causam dissipação de energia nos elastómeros de PPU, foram realizados testes de resistência à fadiga nas amostras de PPU (com reticulantes HABI) e de PU de controlo (sem reticulantes HABI) (Fig. 2-8a e Fig. 2-8b). As curvas de energia dissipada da PPU e da PU de controlo são muito próximas (Fig. 2-8c). A dissipação de energia da PPU original em cada um dos mesmos ciclos é apenas ligeiramente inferior à da amostra de controlo de PU. Pode considerar-se que a amostra de controlo da PU e a PPU original têm quase a mesma histerese. Deve notar-se que a principal diferença na estrutura entre a amostra de controlo de PU e a PPU é que os reticulantes HABI na PPU são totalmente substituídos por reticulantes de glicerol, embora as suas curvas de histerese sejam quase as mesmas. Por conseguinte, os resultados acima referidos provam que os reticulantes dinâmicos HABI são relativamente estáveis do ponto de vista mecânico. Tanto as amostras de controlo de PU como as de PPU têm quase a mesma tendência de decaimento da tensão durante os ciclos de ensaio (Fig. 2-8d). Confirma-se ainda que os pontos de reticulação dinâmica são mecanicamente estáveis e não contribuem para a dissipação de energia.

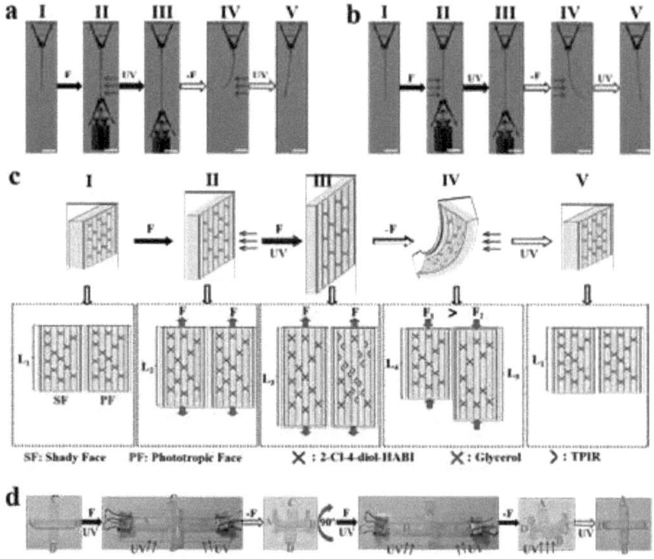

Fig. 2-9 Comportamentos de fototaxia dos elastómeros de PPU. (a) Fotografias do alongamento com peso de carga (um contrapeso, cerca de 20 g), da fototaxia negativa e da fototaxia positiva da tira de PPU (4 cm x 0,5 cm x 0,1 cm), irradiação UV do lado direito. (b) Fotografias do alongamento com peso de carga (um contrapeso, cerca de 20 g), a fototaxia negativa e positiva da tira de PPU (4 cm x 0,5 cm x 0,1 cm), irradiação UV do lado esquerdo. Barras de escala, 1 cm. (c) O esquema dos actuadores fotoinduzidos. Foi proposto de acordo com os comportamentos observados na Fig. 2-9a. Cada estado no esquema é consistente com o estado na Fig. 2-9a. **SF** e **PF** representam a face sombreada e a face fototrópica da tira PPU, respetivamente. **F** representa a gravidade vertical do contrapeso. F1 representa a tensão de contração da face de sombra no estado IV. **F2** representa a tensão de contração da face fototrópica no estado IV. A seta vermelha representa a direção da força. L1, **L2** e **L3** é o comprimento da face de sombra e da face fototrópica da tira de PPU nos estados I, II e III, respetivamente. **L4** e **L5** é o comprimento da face sombreada e da face fototrópica da tira de PPU no estado IV, respetivamente. A linha vermelha representa as cadeias poliméricas. (d) Os actuadores foto-

acionados localizados de uma flor de crucífera em flor.

Para elucidar melhor a importância das ligações covalentes dinâmicas em HABI de uma perspetiva reológica, foram realizados testes de relaxamento da tensão para demonstrar a distinção na mobilidade da cadeia das amostras de controlo de PPU e PU com/sem irradiação de 405 nm [26,27]. No espaço de 500 segundos, a atenuação do módulo de relaxação da tensão [G(t)] do controlo do PU e das amostras originais de PPU antes da irradiação de 405 nm é medida em 0,14 MPa e 0,15 MPa, respetivamente (Fig. 2-6). Tanto a PPU como os materiais de controlo têm quase a mesma atenuação de [G(t)] sem irradiação de 405 nm. Isto indica que as cadeias poliméricas da PPU original e da amostra de controlo de PU têm uma certa mobilidade, o que é benéfico para a auto-regeneração em certa medida. Como esperado, após a irradiação de 405 nm, a atenuação de [G(t)] da PU de controlo mantém-se quase inalterada, é de cerca de 0,13 MPa (Fig. 2-6g), enquanto a da irradiação da PPU é de 0,24 MPa após 405 nm (Fig. 2-6h). Isto indica que a mobilidade da cadeia dos materiais PPU que contêm pontos de reticulação HABI dinâmicos melhorou consideravelmente após a irradiação de 405 nm. Assim, a capacidade de auto-regeneração da PPU é proeminentemente superior às amostras de controlo de PU após irradiação de luz. Os materiais PPU podem obter uma melhor mobilidade da cadeia sob iluminação, que é o mecanismo chave para a auto-regeneração e a deformação fotoplástica.

O alongamento e a contração repetíveis foto-induzidos dos elastómeros PPU de reticulação dupla actuam como molas fotoplásticas, o que é promissor na deformação foto-induzida ou nos actuadores em sistemas optomecânicos. Observa-se um interessante comportamento de fototaxia dos elastómeros de PPU de reticulação dupla após iluminação assimétrica (Fig. 2-9a). Os espécimes de PPU foram cortados em tiras (4 cm x 0,5 cm x 0,1 cm). No início, a amostra original foi esticada com um peso de carga (um contrapeso, cerca de 20 g). A amostra foi então iluminada de um lado (direito) da tira de PPU com um laser de 405 nm (100 mW). No início, é visível a olho nu que o elastómero continuará a alongar-se gradualmente, apresentando uma deformação foto-induzida acompanhada de fotocromismo. A área irradiada torna-se azul profunda. Posteriormente, removendo a luz e os contrapesos, o elastómero PPU começa a dobrar-se para a esquerda, juntamente com a auto-contração anteriormente descrita, indicando a fototaxia negativa. É mais surpreendente que a tira de PPU dobrada tenha voltado a endireitar-se após nova irradiação UV do lado direito, o que constitui a fototaxia positiva. Do mesmo modo, a tira de PPU esticada foi iluminada do lado esquerdo e dobrada para a direita após a remoção da irradiação UV e dos contrapesos. Uma nova irradiação UV do lado esquerdo endireitou novamente a tira de PPU (Fig. 2-9b). Todo o fenómeno fototático da tira de PPU pode ser repetido muitas vezes. Isto é muito importante porque a repetição da irradiação de luz do mesmo lado levou ao comportamento de dobragem e endireitamento da tira de PPU em diferentes situações. Propomos o esquema molecular dos actuadores foto-induzidos de acordo com o comportamento observado (Fig. 2-9c). É sabido que a luz é direcional, o que provoca uma iluminação assimétrica de um lado, ou focada num ponto fixo com uma localização precisa. Por conseguinte, os actuadores foto-induzidos podem ser mais facilmente controlados do que o comportamento termo-induzido. O elastómero da tira de PPU é esticado ao carregar peso devido à grande elasticidade, que resulta da reticulação dupla de glicerol e HABI. No entanto, a tira de PPU é ainda mais esticada após a irradiação UV. É de salientar que, como o coeficiente de extinção das moléculas HABI a cerca de 405 nm é elevado (cerca de 0,6 x 104 L mol^{-1} cm^{-1}), mais de 99 % dos fotões incidentes são absorvidos pela superfície com uma espessura inferior a 120 urn. Por conseguinte, mais grupos HABI são decompostos em TPIRs apenas na face fototrópica após a exposição à luz UV, causando uma densidade de reticulação muito menor do que na face à sombra. Após a remoção da luz, mas ainda com contrapeso, os TPIRs resultantes recombinam-se em HABIs para formar novos pontos de reticulação com muitos deslocamentos distintos.

Retirando o contrapeso, a tensão de contração resultante entre a face fototrópica e a face de sombra é desequilibrada, apesar de a densidade total de ligações cruzadas ter voltado ao nível inicial. Os pontos de reticulação duplos, incluindo o glicerol e os HABIs, contribuem ambos para a formação da tensão de contração (**F1**) na face de sombra. No entanto, na face fototrópica, apenas o glicerol é responsável pela tensão de contração (**F2**), enquanto os HABIs deslocados estabilizam a tira de PPU esticada. Obviamente, **F2** é menor do que **F1**. Por conseguinte, após a remoção do contrapeso, a tira de PPU começa a encolher e a face sombreada da tira de PPU contrai-se mais do que a face fototrópica. O comprimento final da face sombreada e da face fototrópica após a contração é **L4** e **L5** (**L4** < **L5**), respetivamente, resultando na fototaxia negativa. É o desequilíbrio da tensão de contração entre as faces fototrópica e sombreada que provoca a curvatura da tira para a face sombreada. A tensão interna na face sombreada da tira de PPU dobrada foi libertada, enquanto ainda existe um equilíbrio entre a tensão de contração e a tensão de estiramento na face fototrópica da tira de PPU, que resulta dos pontos de reticulação do glicerol e do HABI, respetivamente. Após a segunda vez de irradiação UV, os pontos de reticulação HABI deslocados na face fototrópica da tira de PPU dividem-se novamente e a tensão de estiramento é libertada. A restante tensão de contração dos pontos de reticulação do glicerol na face fototrópica é responsável pela contração da tira de PPU, causando a recuperação da tira de PPU para o estado original, mostrando um efeito de fototaxia positivo.

O efeito de fototaxia dos elastómeros PPU permite o movimento foto-dirigido de robôs macios. Fabricámos uma crucifixo para demonstrar os actuadores foto-acionados localizados (Fig. 2-9d e Fig. 2-10). No início, o ramo AB é esticado seguido de irradiação UV a partir do lado inferior do ramo AB. O ramo AB esticado da PPU crucifer dobra-se para a direção superior após a remoção da irradiação UV e do estiramento. Do mesmo modo, o ramo CD também pode dobrar-se para a direção superior para tirar partido do efeito de fototaxia negativa dos elastómeros de PPU. Actua como uma pinça foto-dirigida quando o crucifer PPU é exposto à luz do lado inferior. Quando a luz é novamente irradiada do lado inferior, a pinça abre quatro mãos, tal como uma flor a desabrochar.

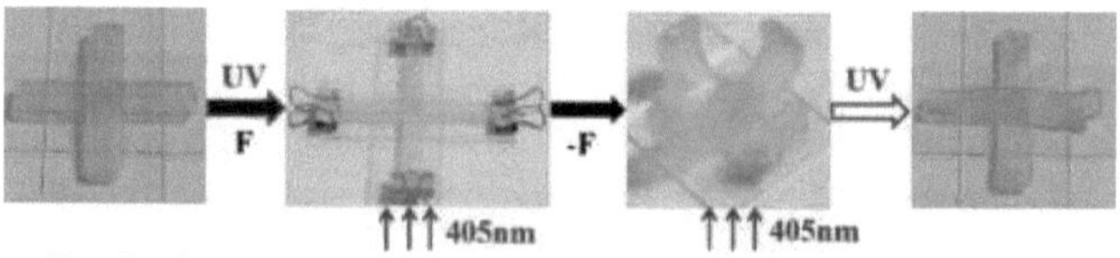

Fig. 2-10 O cruciferador de PPU foto-acionado. Foram observados os efeitos de fototaxia negativa e positiva dos elastómeros PPU.

É provavelmente o primeiro ou, pelo menos, um dos raros relatórios sobre os efeitos negativos e positivos da fototaxia dos elastómeros PPU. As redes PPU de reticulação dupla são os elastómeros plásticos de fotocontrolo promissores, que integram a fotocura, a deformação elástica reversível fotodireccionada e a capacidade de dobragem. Este comportamento único dos polímeros de reticulação contendo HABI é atribuído à dissociação e troca de ligações foto-responsivas das ligações HABI e ao rearranjo resultante dos pontos de reticulação na rede de polímeros. Como sabemos, a termoplasticidade dos polímeros lineares proporciona uma grande conveniência para o processamento de resinas sintéticas. No entanto, as resinas de reticulação que possuem melhores propriedades termomecânicas são difíceis de processar termicamente. Para explorar a processabilidade de novas resinas de reticulação, foram concebidas muitas redes de polímeros de reticulação dinâmica, tais como sistemas de reticulação supramoleculares, ionómeros e polímeros de reticulação covalente dinâmica. No entanto, estes polímeros têm limitações como a resistência mecânica, a capacidade de controlo fino e a sensibilidade. A exploração de um novo sistema de reticulação covalente dinâmico está em ascensão. Propomos a utilização do HABI como um sistema de reticulação dinâmico acionado pela luz, que não só tem a função de fotocura sem solventes à temperatura ambiente, mas também capacidades de estiramento e deformação por flexão acionados pela luz. O desempenho optomecânico das redes de polímeros foto-comutáveis à base de HABI, para além das suas propriedades ópticas e electromagnéticas anteriormente comunicadas, é eventualmente determinado pela alteração da estrutura molecular foto-comutável. Em comparação com a termoplasticidade, a luz permite um posicionamento preciso dos actuadores ópticos no tempo e no espaço. Por conseguinte, a fotoplasticidade possui uma capacidade de controlo espácio-temporal muito melhor do que a termoplasticidade. É de imaginar que os HABIs sejam integrados em mais tipos de materiais funcionais, tais como adesivos, revestimentos, fotoplásticos e resinas fotocuráveis, para desenvolver mais aplicações micro-optomecânicas.

Quanto à utilidade a longo prazo dos materiais PPU, pensamos que os materiais PPU degradar-se-ão mais ou menos quando expostos ao ar e à luz solar durante muito tempo. Muitos outros tipos de materiais plásticos e de resina também sofrerão o mesmo problema, que normalmente depende da natureza da estrutura do polímero. O HABI é um dos materiais fotocrómicos típicos, que tem amplas aplicações na memória ótica, na anti-falsificação, na imagiologia e no ecrã ótico. Embora o HABI fotocrómico seja fotoresponsivo, a sua reação fotocrómica é altamente reversível. Como se mostra na Fig. 2-1, 8 ciclos de recuperação térmica da PPU já indicaram que a PPU tem uma grande resistência à fadiga do fotocrómico. Pensámos que a PPU que contém HABI também é relativamente estável em aplicações exteriores durante um longo período de tempo. Para avaliar a utilidade a longo prazo dos materiais PPU, testámos uma amostra de PPU em forma de haltere sob irradiação solar prolongada. A amostra de PPU preparada pode ser esticada até 7 cm a partir do comprimento inicial de 1,5 cm (Fig. 2-11). A PPU esticada recupera finalmente o comprimento original quando colocada à luz solar. Afetada pela luz UV e pela luz visível de comprimento de onda curto, a PPU apresenta um ligeiro fenómeno de fotocromismo e a sua cor é verde claro. Após exposição contínua à luz solar durante 9 h, a PPU ainda pode ser esticada até ao comprimento em que a amostra inicial antes da irradiação podia ser esticada. Depois de remover a força de tração, a PPU pode voltar ao seu comprimento original. Depois de permanecer à temperatura ambiente e exposto ao ar durante uma semana, a resistência mecânica do material continua a ser tão boa como a da amostra inicial, indicando que os materiais PPU têm uma utilidade moderada a longo prazo.

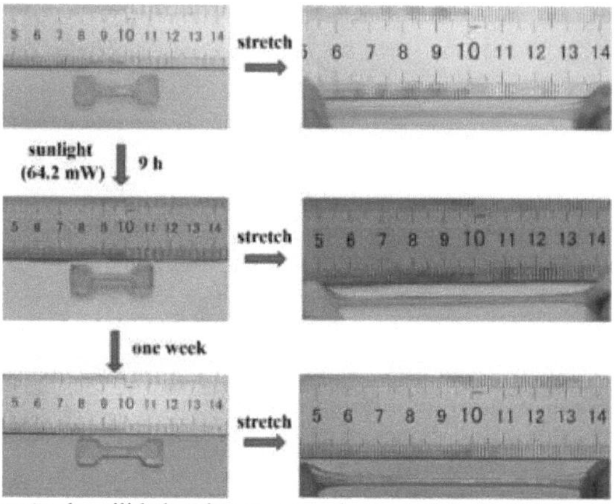

Fig. 2-11 A caraterização da utilidade a longo prazo dos materiais de elastómero PPU. A amostra de PPU preparada pode ser esticada até 7 cm a partir do comprimento inicial de 1,5 cm. A PPU esticada recupera finalmente o comprimento original quando colocada à luz do sol. Depois de permanecer à temperatura ambiente e exposto ao ar durante uma semana, a resistência mecânica do material continua a ser tão boa como a da amostra inicial.

Além disso, a luz solar pode efetivamente ativar a química dinâmica do HABI nos elastómeros de PPU. Tal como a mudança de cor apresentada na Fig. 2-11, a PPU apresenta um ligeiro fenómeno fotocrómico sob a luz solar. No entanto, este baixo grau de fotocromismo não prejudicaria significativamente a resistência mecânica ou o desempenho, afinal de contas, a maioria dos HABI na PPU não são dissociados no radical TPIRs. Além disso, os radicais dissociados poderiam sofrer aniquilação espontânea ao encontrar radicais adjacentes sem deterioração ou rearranjo maciço de deslocações, pelo que não afectariam as propriedades mecânicas dos materiais PPU. É de notar que a experiência sobre molas fotoplásticas foi realizada sob irradiação laser de 405 nm, cuja intensidade é muito superior à da luz solar (apenas a luz UV e a luz visível de comprimento de onda curto fazem sentido). Em vez disso, a HABI parcialmente dissociada e dinâmica poderia ter a capacidade de reparar automaticamente os danos quando exposta à luz solar, caso existam danos latentes. Assim, o tempo de vida e a fiabilidade dos materiais PPU seriam substancialmente melhorados, uma vez que as suas estruturas e propriedades originais se mantêm após a cura sob irradiação solar. Além disso, a intensidade da luz solar (64,2 mW) é mais forte do que a intensidade da luz da lâmpada (4 mW) utilizada na experiência de auto-regeneração. A condição de irradiação da luz solar em algum grau é mais propícia ao processo de auto-regeneração da PPU sem obviamente sacrificar as propriedades mecânicas.

2.4 Conclusão

Em resumo, os elastómeros PU fotoplásticos de reticulação dupla são concebidos e preparados por polimerização por adição gradual de diisocianatos, politetra-metilenoglicol e sistema de reticulação dupla constituído por glicerol e reticulante HABI. Os elastómeros PPU podem funcionar como molas fotoplásticas, exibindo alongamento e contração repetíveis induzidos por fotografia após irradiação UV, o que é atribuído à fotoclavagem da ligação C-N em HABI e à desintegração parcial das redes de elastómeros. Os elastómeros PPU também apresentam um excelente desempenho de auto-regeneração à temperatura ambiente sob luz visível. Os elastómeros PPU auto-regeneráveis actuam como molas fotoplásticas da mesma forma que os elastómeros PPU originais. Os efeitos de fototaxia negativos e positivos dos elastómeros PPU são observados no mesmo espécime, que são responsáveis por comportamentos de flexão reversíveis fotomovidos. As redes PPU de reticulação dupla são promissoras como materiais inteligentes em sistemas biológicos e materiais reciclados. O nosso método fornece uma nova ideia para criar novos materiais macios e inteligentes e sistemas que integram múltiplas funções.

Referências

[1] Hannaford, B.; Jaax, K.; Klute, G. Bio-Inspired Actuation and Sensing. *Autonomus Robots* **2001**, *11*, 267-272.

[2] Madden, J. D. W.; Vandesteeg, N. A.; Anquetil, P. A.; Madden, P. G. A.; Takshi, A.; Pytel, R. Z.; Lafontaine, S. R.; Wieringa, P. A.; Hunter, I. W. Artificial Muscle Technology: Princípios Físicos e Perspectivas Navais. *IEEE J. Oceanic Eng.* **2004**, *29*, 706-728.

[3] Madden, J. D. W.; Barisci, J. N.; Anquetil, P. A.; Spinks, G. M.; Wallace, G. G.; Baughman, R. H.; Hunter, I. W. Fast Carbon Nanotube Charging and Actuation. Adv. Mater. 2006, 18, 870-873.

[4] Mirfakhrai, T.; Madden, J. D. W.; Baughman, R. H. Polymer Artificial Muscles. *Mater. Today* **2007**, *10*, 30-38.

[5] Davis, D. A.; Hamilton, A.; Yang, J. L.; Cremar, L. D.; Van Gough, D.; Potisek, S. L.; Ong, M. T.; Braun, P. V.; Martinez, T. J.; White, S. R.; Moore, J. S.; Sottos, N. R. Force-Induced Activation of Covalent Bonds in Mechanoresponsive Polymeric Materials. *Nature* **2009**, *459*, 68-72.

[6] Lee, C. K.; Davis, D. A.; White, S. R.; Moore, J. S.; Sottos, N. R.; Braun, P. V. Force-Induced Redistribution of a Chemical Equilibrium. *J. Am. Chem. Soc.* **2010**, *132*, 16107-16111.

[7] Gossweiler, G. R.; Kouznetsova, T. B.; Craig, S. L. Force-Rate Characterization of Two Spiropyran-Based Molecular Force Probes. *J. Am. Chem. Soc.* **2015**, *137*, 61486151.

[8] Robb, M. J.; Kim, T. A.; Halmes, A. J.; White, S. R.; Sottos, N. R.; Moore, J. S. Regioisomer-Specific Mechanochromism of Naphthopyran in Polymeric Materials. *J. Am. Chem. Soc.* **2016**, *138*, 12328-12331.

[9] Kosuge, T.; Imato, K.; Goseki, R.; Otsuka, H. Compósitos Polímero-Inorgânicos com Mecanocromóforo Covalente Dinâmico. *Macromolecules* **2016**, *49*, 5903-5911.

[10] Lu, X. L.; Guo, S. W.; Tong, X.; Xia, H. S.; Zhao, Y. Tunable Photocontrolled Motions Using Stored Strain Energy in Malleable Azobenzene Liquid Crystalline Polymer Actuators. *Adv. Mater.* **2017**, *29*, 1606467.

[11] Zeng, H.; Wani, O. M.; Wasylczyk, P.; Kaczmarek, R.; Priimagi, A. Íris auto-reguladora baseada em elastómero de cristal líquido actuado por luz. *Adv. Mater.* **2017**, *29*, 1701814.

[12] Liu, L.; Liu, M. H.; Deng, L. L.; Lin, B. P.; Yang, H. Atuador suave funcionalizado com cromóforo no infravermelho próximo com velocidade de fotorresposta ultra-rápida e propriedades mecânicas superiores. *J. Am. Chem. Soc.* **2017**, *139*, 11333-11336.

[13] Ban, J. F.; Mu, L. N.; Yang, J. H.; Chen, S. J.; Zhuo, H. T. Novos poliuretanos com memória de forma sensíveis a estímulos, capazes de deformação desencadeada por luz UV, fixação mediada por ligações de hidrogénio e recuperação induzida por calor. *J. Mater. Chem. A.* **2017**, *5*, 14514-14518.

[14] Hager, M. D.; Bode, S.; Weber, C.; Schubert, U. S. Shape Memory Polymers: Desenvolvimentos passados, presentes e futuros. *Prog. Polym. Sci.* **2015**, *49-50*, 3-33.

[15]Verma, S.; Gaganjot; Tripathi, J.; Katiyar, M.; Verma, V. Substrato biodegradável compatível com fotolitografia para eletrónica transitória transparente e dispositivos flexíveis de armazenamento de energia. *Appl. Mater. Hoje* **2018**, *13*, 83-90.
[16]Yin, H.; Qu, H. Q.; Liu, Z. T.; Jiang, R. Z.; Li, C.; Zhu, M. Q. Ciclo de vida longo e capacidade de alta taxa de nanofibras de carbono tridimensionais CoSe2 ligadas a grãos para baterias flexíveis de iões de sódio. *Nano. Energia* **2019**, *58*, 715-723.
[17]Durham, J. L.; Pelliccione, C. J.; Zhang, W.; Poyraz, A. S.; Lin, Z.; Tong, X.; Wang, F.; Takeuchi, E. S.; Marschilok, A. C.; Takeuchi, K. J. Compósitos e misturas de ferrite de prata/maghemite: Impacto da preparação de compósitos num único local na eletroquímica relevante para a bateria. *Appl. Mater. Hoje* **2018**, *10*, 142.
[18]Ji, S. B.; Cao, W.; Yu, Y.; Xu, H. P. Elastómero de poliuretano contendo disseleneto induzido por luz visível. *Adv. Mater.* **2015**, *27*, 7740-7745.
[19]Li, C.; Yan, H.; Zhao, L. X.; Zhang, G. F.; Hu, Z.; Huang, Z. L.; Zhu, M. Q. A Trident Dithienylethene-Perylenemonoimide Dyad with Super Fluorescence Switching Speed and Ratio. *Nat. Commun.* **2014**, *5*, 5709.
[20]Jia, C. C.; Migliore, A.; Xin, N.; Huang, S. Y.; Wang, J. Y.; Yang, Q.; Wang, S. P.; Chen, H. L.; Wang, D. M.; Feng, B. Y.; Liu, Z. R.; Zhang, G. Y.; Qu, D. H.; Tian, H.; Ratner, M. A.; Xu, H. Q.; Nitzan, A.; Guo, X. F. Junções de molécula única ligadas covalentemente com condutividade fotossensível estável e reversível. *Ciência* **2016**, *352*, 1443-1445.
[21]Hayashi, T.; Maeda, K. Preparação de uma nova substância fototrópica. *Bull. Chem. Soc. Jpn.***1960**, *33*, 565-566.
[22]Kobayashi, Y.; Mishima, Y.; Mutoh, K.; Abe, J. Complexos Radicais Fotocrómicos Altamente Duradouros sem Protecções Estéricas de Radicais. *Chem. Commun.* **2017**, *53*, 4315-4318.
[23]Honda, S.; Toyota, T. Photo-triggered solvent-free metamorphosis of polymeric materials. *Nat. Commun.* **2017**, *8*, 502.
[24]Ahn, D.; Zavada, S. R.; Scott, T. F. Photomediated Healing of Hexaarylbiimidazole-Based Covalently Cross-Linked Gels. *Chem. Mater.* **2017**, *29*, 7023-7031.
[25]Iwasaki, T.; Kato, T.; Kobayashi, Y.; Abe, J. Um dímero de imidazol quiral com BINOL que possui fotocromismo rápido de sub-milissegundo. *Chem. Commun.* **2014**, *50*, 7481-7484.
[26]Kim, S. M.; Jeon, H.; Shin, S. H.; Park, S. A.; Jegal, J.; Hwang, S. Y.; Oh, D. X.; Park, J. Superior Toughness and Fast Self-Healing at Room Temperature Engineered by Transparent Elastomers. *Adv. Mater.* **2018**, *30*, 1705145.
[27]Kwon, Y. J.; Hong, S. M.; Koo, C. M. Propriedades viscoelásticas de polietilenos reticulados por irradiação em metanol supercrítico. *J. Polym. Sci. Pol. Phys.* **2010**, *48*, 1265-1270.

CAPÍTULO 3

Transformação fotoplástica baseada na química covalente dinâmica

3.1 Introdução

As animações dos *Transformers* sempre despertaram a nossa imaginação para remodelar a aparência de materiais plásticos ou metálicos à vontade. Normalmente, a remodelação e/ou remodelação de materiais poliméricos requer processamento térmico. Os sistemas de polímeros reticulados com múltiplas temperaturas de fusão ou de transição vítrea podem reter a tensão mecânica até serem remodelados por um processamento térmico relativamente lento. No entanto, os polímeros com ligações cruzadas permanentes são difíceis de reprocessar por calor ou com solvente depois de fabricados [1]. Em alternativa, os polímeros supramoleculares que proporcionam propriedades mecânicas semelhantes às dos polímeros permanentemente reticulados podem ter aplicações promissoras como materiais reutilizáveis [2-4]. Outra estratégia é a química covalente dinâmica baseada em reacções de equilíbrio termodinâmico [5,6], tais como a metatese do dioxaborolano [7], poliuretanos maleáveis [8], etc. No entanto, este comportamento termoplástico não é competente para a maquinagem de alta precisão espácio-temporal. É desejável desenvolver novos sistemas dinâmicos de polímeros reticulados com capacidade de processamento plástico de alta precisão.

A luz tem sido utilizada como uma abordagem conveniente para controlar as propriedades dos materiais, como a fluorescência [9] e a electrocondutividade [10]. Os materiais fotocrómicos podem apresentar uma mudança reversível de cor ou tonalidade quando expostos à luz com uma frequência ou intensidade selectivas. Investigações anteriores demonstraram que as reacções fotoquímicas a nível molecular podem ser traduzidas em comportamentos macroscópicos através de uma conceção molecular elaborada [11-14]. Foi relatada a remodelação fotocontrolada de materiais fotocrómicos em monocristais [15], polímeros de cristais líquidos [16, 17] e hidrogel hóspede-hospedeiro [18] com base em transformações entre formas *cis-trans* de azobenzenos, formas *abertas-fechadas* de ditieniletenos e reticulação de cinamoil. No entanto, esses polímeros foto-responsivos seriam mais úteis e eficazes em aplicações optomecânicas e de auto-regeneração se produzissem alterações de forma mais significativas e pudessem ser repetidamente remodelados, mesmo depois de danificados ou mesmo partidos em pedaços [19-21].

Ao contrário dos fotocromadores moleculares baseados em azobenzenos, ditieniletenos, espiropiranos e cinamoil, a molécula de hexa-arilbiimidazol (HABI) apresenta uma clivagem foto-induzida da ligação C-N estabilizada por ressonância entre dois trifenilimidazóis, formando dois radicais isolados relativamente estáveis [22], que podem recombinar-se espontaneamente em HABI [23]. Os métodos tradicionais de preparação de polímeros reticulados que contêm HABI, empregando calor ou iniciadores radicais, causam frequentemente o fracasso do fotocromismo devido à natureza termodinâmica e radicalar das espécies coloridas [24]. Por conseguinte, os grupos HABI são geralmente introduzidos nos polímeros por dois métodos. Um deles é que os monómeros vinílicos de trifenil imidazol, como precursores do hexa-arilbiimidazol, são copolimerizados radicalmente com outros monómeros funcionais para formar polímeros lineares e depois oxidados para formar uma rede de reticulação [14]. O método pode evitar a interferência de radicais fotoiniciados de HABIs, mas a reação de oxidação macromolecular para produzir HABIs é geralmente pouco eficiente. Por conseguinte, é preferível a utilização de métodos de polimerização não-radicalares para introduzir unidades HABI em sistemas poliméricos. Relatórios anteriores sobre a polimerização direta de HABI conceberam HABIs com apenas dois grupos funcionalizados como monómeros, que são copolimerizados com reticuladores convencionais não fotossensíveis com múltiplas funcionalidades [25]. Aqui relatamos uma nova classe de transformação fotoplástica baseada em redes dinâmicas de politriazol covalentemente reticulado (PTA), em que os pontos de reticulação são compostos por hexa-arilbiimidazóis (HABIs) fotocleaveis com múltiplos grupos funcionalizados. Quando os HABIs com grupos tri- ou tetra-funcionalizados são utilizados diretamente como agentes de reticulação de redes de polímeros, a reticulação e a desreticulação de arquitecturas de polímeros podem ser controladas pela luz, provocando comportamentos optomecânicos sintonizáveis.

3.2 Secção de experiências

3.2.1 Preparação dos materiais

A preparação e a caraterização do 2-Br-HABI são apresentadas em pormenor a seguir:

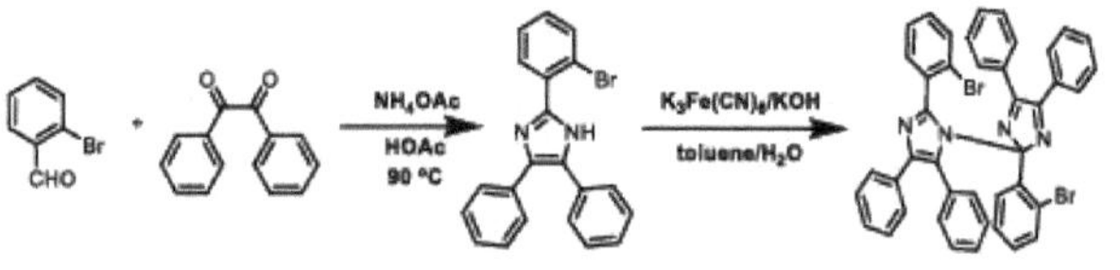

Esquema 3-1 Processo de síntese do 2-Br-HABI.

(1) Síntese do 2-Br-TPI: Num balão de dois gargalos (25 ml), o benzil (0,68 g, 3,2 mmol), o 2-bromobenzaldeído (0,5 g, 2,7 mmol) e o acetato de amónio (2,1 g, 27 mmol) foram dispersos em ácido acético (10 ml). A mistura foi agitada e aquecida a 90 °C durante 1 dia. Depois de terminada a reação, o orgânico foi adicionado à salmoura gota a gota e depois neutralizado com uma solução aquosa de amoníaco. O precipitado branco foi filtrado, lavado com água e depois com tolueno para remover o excesso de benzil. O sólido remanescente foi seco no vácuo a 60 C durante 1 dia. Finalmente, obteve-se 0,92 g de pó branco, com um rendimento de 92%.

1H NMR (600MHz, d-DMSO, 5): 12,7 (s, 1H), 7,8 (d, 1H, J = 6Hz), 7,75 (d, 1H, J = 6Hz), 7,57 (d, 2H, J = 6Hz), 7,54 (m, 3H), 7,35-7,45 (m, 4H), 7,33 (t, 2H, J = 6Hz), 7,24 (t, 1H, J = 6Hz), LC-MS (APCI): calculado 374,04, e encontrado 374,9 ($[M+H]^+$).

(2) Síntese de 2-Br-HABI: Num balão de 100 ml equipado com um funil de pressão constante (V_{max} = 25 ml) e coberto com folha de alumínio, dissolveu-se 2-bromo-trifenilimidazol (0,2 g, 0,53 mmol) em tolueno (14 ml). O $K_3Fe(CN)_6$ (0,89 g, 2,7 mmol) e o KOH (0,30 g, 5,4 mmol) foram completamente dissolvidos em água desionizada (15 ml) e depois transferidos para o funil de pressão constante. Esta solução aquosa foi adicionada gota a gota e a mistura foi vigorosamente agitada durante 24 h. A reação foi monitorizada por placa TLC até todos os materiais de partida terem sido convertidos. Depois de terminada a reação, a camada orgânica foi recolhida e evaporada sob pressão reduzida. O resíduo foi recristalizado a partir de benzeno/CH_3CN para obter um pó amarelo claro, 0,15 g, rendimento de 75%.

1H NMR (600 MHz, DMSO) 5 7.91(d, 2H, J = 6Hz), 7.64 (m, 4H), 7.56 (m, 3H), 7.51 (d, 1H, J = 12Hz), 7.46 (m, 1H), 7.45 (m, 1H), 7.32 (m, 1H), 7.2-7.3 (m, 5H), 7.13 (m, 2H), 7.09 (m, 2H), 7.02 (m, 1H), 6.95 (d, 2H, J = 6Hz), 6.72 (d, 2H, J = 6Hz);^{13} C NMR (151 MHz, DMSO) 5 168.81, 145.21, 137.48, 135.92, 134.77, 134.71, 133.41, 132.28, 132.10, 131.87, 131.64, 130.93, 130.27, 130.02, 129.83, 129.72, 129.60, 129.16, 128.98, 128.66, 128.58, 128.37, 128.28, 127.62, 127.30, 127.22, 126.66, 126.49, 124.66, 123.25, 111.20.

LC-MS (APCI): calculado 746,07, e encontrado 747,7 ($[M+H]^+$).

A preparação e a caraterização do 2-bromo-terapropargil-HABI são apresentadas em pormenor a seguir:

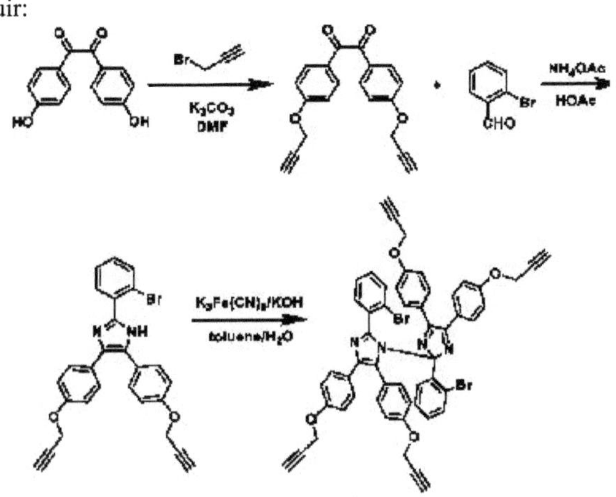

Esquema 3-2 Processo de síntese do 2-Br-tetrapropargil-HABI.

(1) Síntese do 4, 4'-dipropargil-benzil Num balão de dois gargalos (100 ml), dispersou-se em DMF (50 ml) o 4, 4'-di-hidroxi-benzil (2,42 g, 10 mmol), o 3-bromo-1-propano (3 ml, 40 mmol) e o carbonato de potássio (5,52 g, 40 mmol). A mistura foi agitada e aquecida a 60 °C durante 2 dias. A reação foi verificada em placa TLC até o 4, 4'-dihidroxibenzil ser totalmente consumido. Após a conclusão da reação, a solução foi adicionada à salmoura gota a gota e os precipitados amarelos foram recolhidos e

O resíduo foi purificado por cromatografia em coluna sobre gel de sílica (eluente: acetato de etilo: éter de petróleo = 1:4, gradualmente aumentado para 1:1). Finalmente, foram obtidos 2,6 g de pó amarelo, com um rendimento de 82%.

1H NMR (600MHz, 5): 7,97 (d, 4H, J = 6Hz), 7,06 (d, 4H, J = 6Hz), 4,78 (d, 4H), 2,57 (t, 2H, J = 6Hz);

LC-MS (APCI): calculado 318,09, e encontrado 318,8 ($[M+H]^+$).

(2) Síntese do 2-bromo-4, 4'-dipropargil-trifenilimidazol Num balão de dois gargalos (25 ml), colocaram-se 4, 4'-dipropargil-benzil (0,34 g, 1,1 mmol), 2-bromobenzaldeído (0,3 g, 1,7 mmol) e acetato de amónio (0,42 g, 5,5 mmol) em ácido acético (5 ml). A mistura foi agitada e aquecida a 90 °C durante 1 dia. Depois de terminada a reação, o orgânico foi adicionado à salmoura gota a gota e depois neutralizado com amoníaco. O óleo pegajoso foi extraído com DCM e a camada orgânica foi lavada com água e depois recolhida. O solvente orgânico foi então evaporado sob pressão reduzida para obter um sólido castanho-amarelado, que foi seco no vácuo a 60 °C durante 6 h. O resíduo foi purificado por cromatografia em coluna sobre gel de sílica (eluente, DCM). Finalmente, obteve-se 0,46 g de sólido vítreo (amarelo claro), com um rendimento de 87%.

^{1}H NMR (600MHz, DMSO): 5 12.46 (s, 1H), 7.77 (d, 2H, J = 6 Hz), 7.71 (d, 2H, J = 6 Hz), 7.51 (d, 1H, J = 6 Hz), 7.48 (d, 2H, J = 6 Hz), 7.43 (d, 2H, J = 6 Hz), 7.39 (m, 1H), 7.06 (d, 2H, J = 12 Hz), 6.94 (d, 2H, J = 12 Hz), 4.85 (m, 4H), 3.6 (d, 2H, J = 18 Hz) LC-MS (APCI): calculado 482.06, e encontrado 482.8 ($[M+H]^+$).

(3) Síntese de 2-bromo-4, 4'-dipropargil-HABI: Num balão de 100 ml equipado com um funil de pressão constante (V_{max}=25 ml) e coberto com folha de alumínio, dissolveu-se 4, 4'-

dipropargil-2-bromo-trifenilimidazol (0,2 g, 0,41 mmol) em tolueno (12 ml). O $K_3Fe(CN)_6$ (0,69 g, 2,1 mmol) e o KOH (0,29 g, 5,1 mmol) foram completamente dissolvidos em água desionizada (11 ml) e depois transferidos para o funil de pressão constante. Esta solução aquosa foi adicionada gota a gota e a mistura foi agitada vigorosamente durante 24 h. A reação foi monitorizada por placa de TLC até todos os materiais de partida terem sido consumidos. Depois de terminada a reação, a camada orgânica foi recolhida, evaporada sob pressão reduzida e o resíduo foi purificado por cromatografia em coluna sobre gel de sílica (eluente: DCM-EA-Hexano = 3:3:7, v/v). Finalmente, obteve-se 0,14 g de pó amarelo, com um rendimento de 70%.

^1H NMR (600 MHz, DMSO) 5 7.86 (s, 1H), 7.61 (m, 3H), 7.49 (d, 1H, J = 12Hz), 7.39 (t, 1H, J = 12Hz), 7.2-7.35 (m, 3H), 7.14(d, 2H, J = 6Hz), 7.08 (m, 1H), 7.02(m, 2H), 6.93 (m, 2H), 6.86 (d, 2H, J = 6Hz), 6.7-6.8 (m, 5H), 6.3-6.7 (m, 1H), 4.92 (s, 2H), 4.84 (s, 2H), 4.77 (s, 2H), 4.70 (s, 2H), 3.66 (m, 2H), 3.63 (t, 1H, J = 6 Hz), 3.51(t, 1H, J = 6 Hz);

^{13}C NMR (151 MHz, DMSO) 5 168.08, 161.58, 160.21, 160.01, 157.47, 156.08, 144.83, 137.05, 136.43, 131.63, 131.46, 128.39, 128.32, 127.48, 115.24, 114.81, 114.70, 110.71, 79.78, 79.65, 79.19, 79.14, 78.81, 78.55, 56.17, 56.08, 55.82, 55.75, 55.39 LC-MS (APCI): calculado 962.11, e encontrado 963.4 ($[M+H]^+$).

A síntese do 4, 4'-dihidroxi-benzil [26] e do 1, 6-diazidohexano [27] foi efectuada de acordo com a literatura anterior. O PEG1000-diino foi sintetizado seguindo a literatura relatada com pequenas modificações [28]. O tetrapropargil-TPE foi sintetizado seguindo uma literatura anterior em duas etapas [29]. A preparação e caraterização do dipropargil-PEG1000 é apresentada em pormenor como se segue:

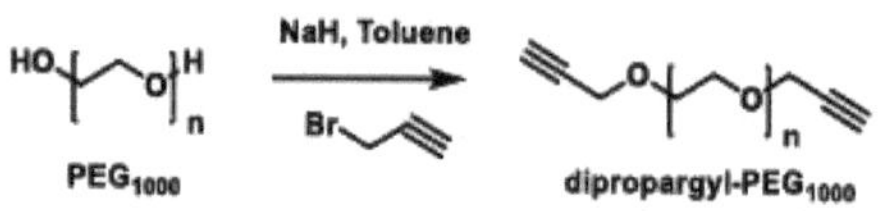

Esquema 3-3 Processo de síntese do dipropargil-PEG1000.

O hidreto de sódio (3,6 g de 60% em óleo mineral, 0,090 mol) foi decantado com hexano seco (50 mL) três vezes para remover o óleo mineral e depois disperso em tolueno seco (100 mL) com agitação magnética. A suspensão foi transferida para um balão de 2 gargalos e arrefecida a 0 °C num banho de gelo. Uma solução de PEG1000 (5 g, 0,026 mol) em tolueno (20 mL) foi adicionada gota a gota. A mistura resultante foi agitada durante 1 h a 0 °C até o processo de desprotonação estar terminado, seguido de adição gota a gota de brometo de propargilo (11 mL, 0,123 mol). A mistura reacional foi agitada a 0 °C durante 6 h, e depois aquecida até à temperatura ambiente e extinta com NH_4Cl aquoso saturado (50 mL).

A camada orgânica foi separada e a camada aquosa foi lavada com CH2CI2 (3 x 50 mL). Os extractos orgânicos foram combinados e o solvente foi removido por evaporador rotativo para revelar o produto em bruto como um líquido de baixa viscosidade, de cor castanha alaranjada. O produto foi purificado por cromatografia em gel de sílica eluindo com acetato de etilo/cloreto de metileno 1:1 para produzir 3,1 g (45%) de um sólido pegajoso castanho claro.

^1H NMR (400 MHz, $CDCl_3$) 5: 4,21 (d, 4H), 3,60-3,70 (m, 95H), 2,45 (t, 2H).

^{13}RMN de C (75 MHz, $CDCl_3$) 5: 79,64, 74,57, 70,60, 70,55, 70,39, 60,08, 58,39

A preparação e a caraterização do tetrapropargil-TPE são apresentadas em pormenor a seguir:

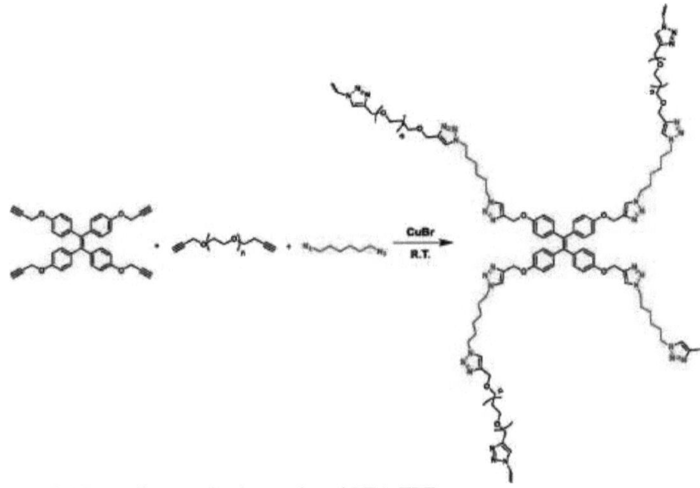

Esquema 3-4 Procedimento de síntese do gel PTA-TPE.

(1) Síntese de PTA-10%TPE: Num tubo de ensaio de 20 ml, adicionaram-se PEG1000-propinilo (830 mg, 0,8 mmol), tetrapropargil-TPE (55 mg, 0,1 mmol), 1,6-diazidohexano (169 mg, 1 mmol) e PMDETA (209 ul, 1 mmol), dissolvidos em DMF seco (2 ml). A solução foi submetida a 3 ciclos de congelação-bomba-descongelação utilizando uma bomba de óleo e N2 de elevada pureza. Nesta altura, adicionou-se o catalisador CuBr (72 mg, 0,5 mmol) ao tubo de amostra e, em seguida, agitou-se rapidamente para os misturar bem. Ao mesmo tempo, o tubo de amostra foi colocado numa atmosfera de N2, aspirado com uma bomba de óleo e depois enchido com N2.

Geralmente, esta é uma reação exotérmica à temperatura ambiente. O tubo de amostra foi ainda aquecido a 40 °C durante 1 hora para assegurar a conversão completa da polimerização. Por fim, o hidrogel foi dialisado numa solução aquosa de EDTA-2Na durante 3 dias para remover o Cu^{2+} e, consequentemente, a cor do hidrogel muda de azul-verde profundo para amarelo claro. Finalmente, os polímeros PTA-10%TPE preparados foram colocados num forno de vácuo e secos a 70 °C durante 24 h para obter as amostras PTA-TPE secas sem solventes.

(2) Síntese de PTA-10%HABI: Num tubo de amostragem de 10 ml, adicionou-se PEG1000-propinilo (208 mg, 0,2 mmol), 2-Br-tetrapropargil-HABI (24,1 mg, 0,025 mmol), 1,6-diazidohexano (43 mg, 0,25 mmol) e PMDETA (52 ul, 0,25 mmol) e dissolveu-se em DMF seco (500 ul). A solução foi submetida a 3 ciclos de congelação-bomba-descongelação utilizando uma bomba de óleo e N2 de elevada pureza. Neste momento, adicionou-se o catalisador CuBr (28 mg, 0,2 mmol) ao tubo de amostra e agitou-se rapidamente para os misturar bem. Ao mesmo tempo, o tubo de amostra foi colocado numa atmosfera de N2 por vácuo com uma bomba de óleo e depois cheio com N2. Geralmente, a reação era exotérmica à temperatura ambiente e terminava em 5 minutos. O tubo de amostra foi novamente aquecido a 40 °C durante 1 hora para assegurar a conversão completa dos materiais de partida. O hidrogel foi dialisado numa solução aquosa de EDTA-2Na durante 3 dias para remover o Cu^{2+} e, consequentemente, a cor do hidrogel muda de azul-verde profundo para amarelo claro. Finalmente, os polímeros PTA-10%HABI preparados foram colocados num forno a vácuo e

secos a 70 °C durante 24 h para obter as amostras de PTA-HABI secas e sem solventes. Os elastómeros de PTA-HABI sem solventes são utilizados para a auto-regeneração.

(3) Síntese de PTA-5%HABI-5%TPE: Num tubo de ensaio de 25 ml, PEG1000-propinil (1170 mg, 1,2 mmol), tetrapropargil-TPE (41 mg, 0.075 mmol), 2-Br- tetrapropargil-HABI (72 mg, 0,075 mmol), 1, 6-diazidohexano (252 mg, 1,5 mmol) e PMDETA (64 ul, 0,3 mmol) foram adicionados e dissolvidos em DMF seco (5 ml). A solução foi submetida a 3 ciclos de congelação-bomba-descongelação utilizando uma bomba de óleo e N2 de elevada pureza. Nesta altura, adicionou-se o catalisador CuBr (44 mg, 0,3 mmol) ao tubo de amostra e, em seguida, agitou-se rapidamente para os misturar bem. Ao mesmo tempo, o tubo de ensaio foi colocado numa atmosfera de N2, aspirado com uma bomba de óleo e depois enchido com N2. Geralmente, esta é uma reação exotérmica à temperatura ambiente. O tubo de amostra foi novamente aquecido a 40 °C durante 1 hora para assegurar a conversão completa da polimerização. Por fim, o hidrogel foi dialisado numa solução aquosa de EDTA-2Na durante 3 dias para remover o Cu^{2+} e, consequentemente, a cor do hidrogel muda de azul-verde profundo para amarelo claro. Finalmente, os polímeros PTA-5%HABI-5%TPE preparados foram colocados num forno a vácuo e secos a 70 °C durante 24 h para obter as amostras de PTA-5%HABI-5%TPE secas e sem solventes.

(4) Síntese de PTA-7,5%HABI-2,5%TPE: Num tubo de ensaio de 25 ml, PEG1000-propinilo (1170 mg, 1,2 mmol), tetrapropargil-TPE (20,6 mg, 0.0375 mmol), 2-Br- tetrapropargil-HABI (110 mg, 0,1125 mmol), 1, 6-diazidohexano (252 mg, 1,5 mmol) e PMDETA (64 ul, 0,3 mmol) foram adicionados e dissolvidos em DMF seco (5 ml). A solução foi submetida a 3 ciclos de congelação-bomba-descongelação utilizando uma bomba de óleo e N2 de elevada pureza. Nesta altura, adicionou-se o catalisador CuBr (44 mg, 0,3 mmol) ao tubo de amostra e, em seguida, agitou-se rapidamente para os misturar bem. Ao mesmo tempo, o tubo de ensaio foi colocado numa atmosfera de N2, aspirado com uma bomba de óleo e depois enchido com N2. Geralmente, esta é uma reação exotérmica à temperatura ambiente. O tubo de amostra foi novamente aquecido a 40 °C durante 1 hora para assegurar a conversão completa da polimerização. Por fim, o hidrogel foi dialisado numa solução aquosa de EDTA-2Na durante 3 dias para remover o Cu^{2+} e, consequentemente, a cor do hidrogel muda de azul-verde profundo para amarelo claro. Finalmente, o polímero PTA-7,5%HABI-2,5%TPE preparado foi colocado num forno a vácuo e seco a 70 °C durante 24 h para obter as amostras secas de PTA-7,5%HABI-2,5%TPE sem solventes, que são utilizadas para a experiência de deformação fotoplástica sob irradiação de 405 nm.

(5) Preparação de organogéis de PTA-HABI utilizados na modelação de superfícies fotoplásticas: As amostras de gel seco PTA-10%HABI sem solventes preparadas foram embebidas em DMF durante um período de tempo para atingir o equilíbrio de inchamento, depois retiradas do DMF e colocadas ao ar durante uma noite, podendo ser utilizadas para a modelação de superfícies fotoplásticas.

3.2.2 Caracterização e instrumentação

^{1}H NMR e^{13} C NMR foram registados utilizando um Bruker AV600 de 600 M e um padrão interno de tetrametilsilano. Os espectros de massa foram registados utilizando um Agilent 1100 LC/MSD Trap. Os espectros FTIR foram registados com VERTEX 70. Os espectros ultravioleta-visíveis foram registados utilizando um espetrofotómetro Shimadzu ultravioleta-visível-NIR (UV-3600. Os espectros de PL foram registados com instrumentos Edinburgh (espectrómetros FLSP920). O teste EPR foi efectuado numa máquina Bruker EPR A300 (banda X). A alteração da morfologia microcósmica foi registada por microscopia eletrónica de varrimento de emissão de campo (Nova NanoSEM 450), e a alteração da morfologia macrocósmica foi registada por uma máquina digital Single Lens Reflex (NIKON D90). A medição da tensão de tração foi efectuada num sistema Instron E1000 (EHF- UV100k2-040-1A) da Shimadzu, sendo o tamanho da amostra necessário para o ensaio de 3,8 mm (espessura) x 3,8 mm (largura) x 13 mm (comprimento). A velocidade do ensaio de tração foi fixada em 2 mm/min para todas as amostras deste artigo e o ensaio de tração foi repetido três vezes por curva. A fonte laser de 405 nm para todas as experiências foi fornecida pela Changchun New Industries Optoelectronics Tech Co., Ltd (MLL-III-405-100 MW), cuja potência medida foi de 87 mW e a densidade de potência ótica foi de 100 mW/cm^2 . Por último, a fonte de luz branca utilizada para o ensaio de auto-regeneração foi um candeeiro de secretária (5 mW/cm^2).

3.3 Resultados e discussão

3.2.1 Síntese, fotocromismo e caraterização do gel PTA-HABI

Neste trabalho, concebemos o reticulador HABI com grupos tetra-funcionalizados e preparamos a rede polimérica introduzindo HABIs como pontos de reticulação covalente dinâmica. Seleccionamos a reação de clique entre azidas e alcinos [30] como método de polimerização, que tem sido amplamente utilizado para sintetizar várias redes poliméricas de uma forma altamente eficiente para construir polímeros reticulados designados por politriazóis (PTAs) [31, 32]. Apresentamos o conceito de transformação fotoplástica baseado na rede de gel de polímero PTA-HABI, que exibe uma transformação sólido-líquido controlando a vulcanização e a desintegração das arquitecturas poliméricas devido à transformação reversível entre HABIs e TPIRs. Após a irradiação da luz, o HABI como ponto de reticulação é dissociado em dois TPIRs, fazendo com que a arquitetura do polímero passe do estado de reticulação para o estado de desintegração. É visível a olho nu que o gel de polímero PTA-HABI apresenta simultaneamente alterações de cor e uma deformação evidente do estado sólido para o estado líquido após a irradiação da luz. O estímulo da luz pode ser utilizado para moldar reversivelmente a rede do organogel PTA-HABI em várias formas. O foto-alinhamento da rede de organogel PTA-HABI demonstra que o padrão de superfície orientado é dirigido pela luz. Além disso, devido ao equilíbrio dinâmico entre o HABI e o TPIR, os elastómeros fotoplásticos PTA-HABI sem solventes apresentam propriedades automáticas de auto-regeneração à temperatura ambiente, que são significativamente aceleradas com a irradiação da luz. Finalmente, a mola fotoplástica à base de PTA é fabricada com agentes de reticulação dupla e apresenta a transformação reversível entre a deformação plástica e a deformação elástica após a irradiação da luz.

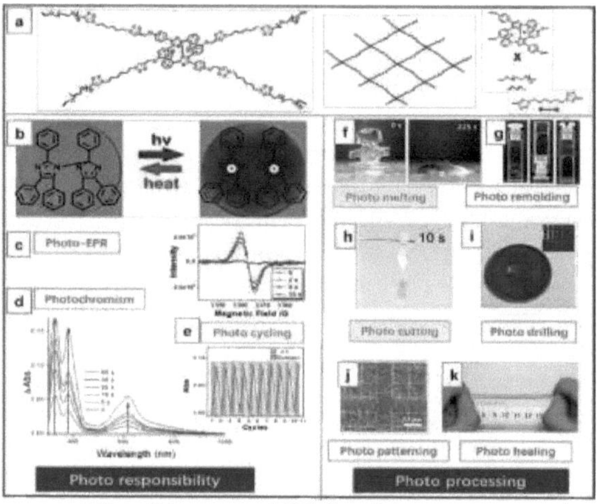

Fig. 3-1 Estrutura representativa, foto-responsabilidade e foto-processamento de redes de polímeros PTA-HABI. (a) Estrutura esquemática da rede polimérica PTA-HABI. Foto-responsabilidade: (b) Estruturas moleculares e cores do HABI antes e depois da irradiação UV; (c) EPR foto-induzido; (d) Fotocromismo do gel seco de PTA-HABI; (e) Fotociclo do gel seco de PTA-HABI. Fotoprocessamento: (f) Foto fusão; (g) foto remoldagem; (h) foto corte; (i) foto perfuração; (j) fotopadronização; (k) foto cura. Todas as amostras de gel utilizadas nas Fig. 3-1f a Fig. 3-1i eram organogéis e atingiram o equilíbrio de inchamento em DMF, sendo o rácio de inchamento máximo (Q) de 8,27. A Fig. 3-1j era um organogel que continha uma certa quantidade de solvente orgânico DMF. A Fig. 3-1k é um gel seco sem solvente após a remoção completa do solvente.

Concebemos um agente de reticulação fotocrómico, 2-bromo-terapropargil- HABI, introduzindo quatro grupos propargil na estrutura molecular do HABI (Fig. 3-1a). Uma molécula de HABI decompõe-se em dois radicais coloridos de trifenil imidazol (TPIRs), que se recombinam espontaneamente em HABI à temperatura ambiente (Fig. 31b). Os HABIs possuem grande foto-responsabilidade, incluindo ressonância paramagnética eletrónica (EPR) foto-induzida, fotocromismo com grande capacidade de foto-ciclagem (Fig. 3-1c a Fig. 3-1e). A descoberta mais interessante sobre os géis de polímero PTA-HABI reticulados é a sua grande capacidade de fotoprocessamento. Foi demonstrado que os organogéis de PTA-HABI ou os elastómeros sem solventes podem ser processados plasticamente, como a fotomoldagem, a foto-remoldagem, o foto-corte, a foto-furação, a foto-padronização e a foto-cura (Fig. 3-1f a Fig. 3-1k).

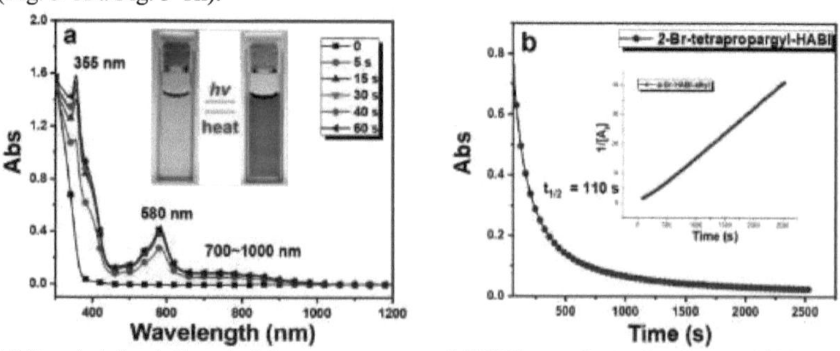

Fig. 3-2 Propriedades ópticas do 2-bromo-terapropargil-HABI em solução de tolueno. (a) Espectros

UV-vis em solução após vários tempos de irradiação de 365 nm. (b) A cinética de desvanecimento das espécies coloridas em solução (concentração [c] = 4,3x10-5 mol/L). A figura em (a) mostra a fotografia do 2-bromo-
terapropargil-HABI antes e depois da irradiação UV e o gráfico de 1/[At] ~ t em (b).

Sintetizámos um gel sem solventes PTA-HABI com dipropargil-PEG1000 como unidade hidrofílica, 1,6-diazidohexano como ligante e 2-bromo-tetrapropargil-HABI como reticulante. O átomo de halogéneo em posição *orto* no HABI aceleraria a cinética de desvanecimento das espécies coloridas e melhoraria a resistência à fadiga [33,34]. O fotocromismo do 2-bromo-terapropargil -HABI é investigado em solução por espectros UV-vis. Antes da irradiação, não é detectado qualquer pico de absorção na região do visível, enquanto que dois novos picos a 355, 580 nm e uma banda de absorção larga em torno de 750~1000 nm são observados após 5 s de irradiação (Fig. 3-2a). A solução de 2-bromo-terapropargil- HABI torna-se azul após a irradiação (figura 3-2a). As densidades ópticas nos picos máximos de absorção continuam a aumentar até à saturação após 60 s de irradiação, o que pode ser atribuído à competição entre a dissociação foto-induzida do HABI e a recombinação espontânea para trás dos TPIRs. A investigação da cinética de desvanecimento das espécies coloridas após irradiação UV indica que a densidade ótica a 580 nm diminui rapidamente nos primeiros 200 s, tornando-se depois plana após 500 s, com um tempo de semi-vida das espécies coloridas de 110 s (Fig. 3-2b). O gráfico linear de 1/[At]~t indica que a recombinação de TPIRs é uma reação de segunda ordem (figura 3-2b). Como apresentado na Fig. 3-3a, 2-Br-tetrapropargil-HABI, dipropargil-PEG1000 e 1, 6- diazidohexano foram misturados com uma razão molar optimizada de 0,1: 0,8: 1 em DMF utilizando CuBr como catalisador sob atmosfera de N2, o que proporcionou o melhor fator de inchamento e resistência à tração. É de salientar que a reação ocorre espontaneamente em poucos minutos à temperatura ambiente com caracteres exotérmicos visíveis e a reação pode ser controlada diminuindo a temperatura de reação. O organogel resultante é dialisado contra etilenodiaminotetraacetato (EDTA) e água durante alguns dias para remover as impurezas iónicas.

Os espectros de absorção do gel de PTA-HABI sob irradiação de luz são monitorizados (Fig. 3-3b). Antes da irradiação, não foram observados picos de absorção na região visível de comprimento de onda longo. Após irradiação com laser de 405 nm durante 10 s, o gel incolor torna-se azul e foi detectada uma absorção em torno de 600 nm. Estas caraterísticas do gel de PTA-HABI estão de acordo com o fotocromismo do 2-bromo-terapropargil-HABI em solução. A resistência à fadiga do gel de PTA-HABI indica que o processo pode ser efectuado de forma reversível por mais de 10 vezes (Fig. 3-3c). Após 10 s de irradiação laser de 405 nm, a densidade ótica a 580 nm aumenta devido à dissociação foto-induzida de HABI em TPIRs (área púrpura na Fig. 3-3c). Depois de cessar a luz, a densidade ótica diminui rapidamente para o estado inicial (área cinzenta na Fig. 3-3c). É de salientar que a densidade ótica do gel de PTA-HABI a 580 nm diminui para metade em 16 s (*t1/2*, gel = 16 s), o que é muito mais rápido em comparação com o 2-bromo-terapropargil -HABI no estado de solução (*t1/2*, solução = 110 s). Isto pode ser atribuído ao facto de os HABIs como reticulantes estarem imobilizados na estrutura do polímero, restringindo assim a difusão e a fuga de
TPIRs.

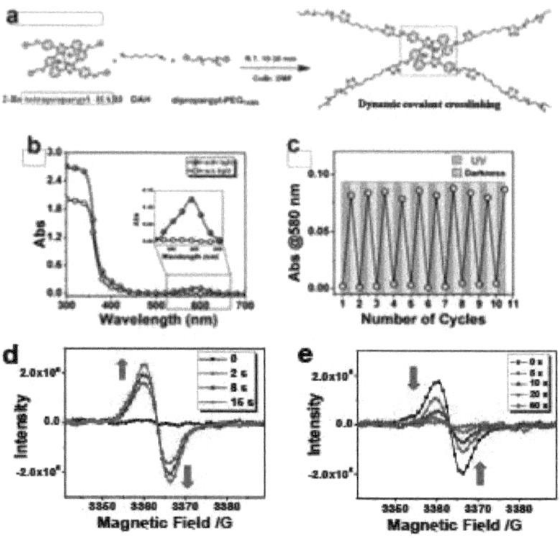

Fig. 3-3 Síntese, fotocromismo e alterações EPR reversíveis foto-induzidas do gel sem solvente PTA-HABI. (a) Esquema do processo de síntese do gel de PTA-HABI. (b) Espectros UV-vis do gel de PTA-HABI antes e depois da irradiação. (c) Alteração da absorvância medida a 580 nm do gel de PTA-HABI sujeito a irradiação UV e a ciclos de descoloração térmica espontânea. Áreas roxas: irradiação a 405 nm durante 10 s. Áreas cinzentas: após cessação do laser de 405 nm. (d) Alterações EPR foto-induzidas do gel de PTA-HABI após irradiação a 405 nm (100 mW/cm^2) durante vários períodos de tempo. (e) Desvanecimento espontâneo dos espectros EPR do gel PTA-HABI após a remoção da irradiação UV. Todas as amostras de gel utilizadas para os ensaios das Fig. 3-3a a Fig. 3-3e eram gel seco sem solvente.

A ressonância paramagnética eletrónica (EPR) é normalmente utilizada para detetar a natureza radical do processo químico. Assim, efectuámos medições EPR dinâmicas em tempo real do gel PTA-HABI após irradiação de luz. Sem irradiação de luz, não é detectado qualquer sinal EPR (Fig. 3-3d, linha preta), enquanto se observa um forte pico em torno de 3360 G após a irradiação (2 s). O sinal continua a aumentar com o tempo de irradiação. Após cessar a irradiação UV, o sinal EPR diminui gradualmente com o tempo e desaparece completamente após 60 s (Fig. 3-3e). A monitorização *in situ* e em tempo real da intensidade EPR a 3360 G forneceu informações diretas sobre os radicais foto-induzidos de HABIs e a recombinação de TPIRs (Fig. 3-4).

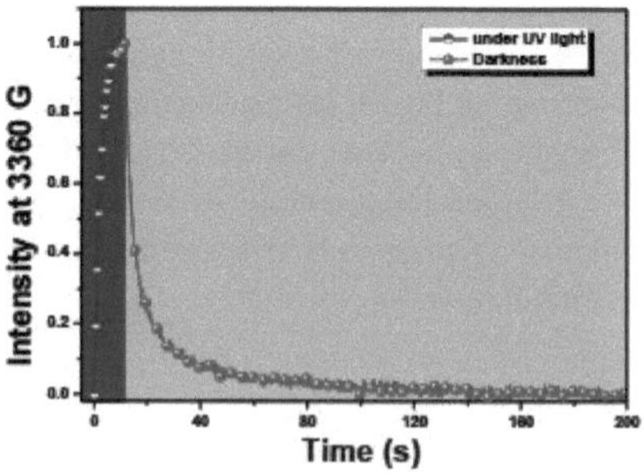

Fig. 3-4 Excitação fotográfica e atenuação dos sinais EPR do gel de PTA-HABI. A intensidade do sinal EPR em torno de 3360G foi utilizada para monitorizar a cinética da clivagem foto-induzida e a

recombinação das moléculas HABI no gel de PTA-HABI. A área púrpura: 405 nm durante 10 s e a área cinzenta: no escuro.

3.2.2 Processamento de fotoplásticos

Verificámos que o laser pode ser transplantado para o processamento fotoplástico do gel de PTA-HABI (Fig. 3-5). O DMF é utilizado como solvente devido ao elevado grau de inchaço do gel de PTA-HABI no DMF não volátil. Todas as amostras de gel utilizadas na Fig. 3-5 eram organogéis e atingiram o equilíbrio de inchamento em DMF, sendo o rácio de inchamento máximo (Q) de 8,27 (Fig. 36). A investigação sobre a dependência do reticulador do grau de inchamento indica que quanto maior o teor de reticulador, menor o valor de inchamento (Fig. 3-7). É visível a olho nu que um boneco de gel PTA-HABI com uma forma pré-concebida apresenta uma transformação fotoplástica de "sólido" para "líquido" (fusão a laser) em 3-6 min, acompanhada de fotocromismo (Fig. 3-5a e Fig. 3-8). Após 10 s de irradiação a 405 nm (100 mW), o gel torna-se azul devido à caraterística fotocrómica do HABI. Posteriormente, o ponto irradiado apresenta uma mudança de cor azul profunda, enquanto se observa uma deterioração emergente da boneca de gel para líquido. À medida que movemos o ponto de luz para outra área, o mesmo fenómeno é observado e, finalmente, o gel torna-se líquido fluido no substrato.

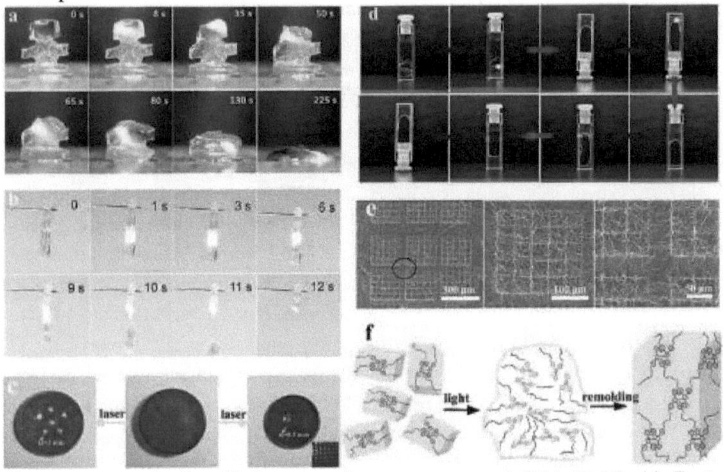

Fig. 3-5 Processamento de fotoplásticos com base no organogel PTA-HABI. (a) Fusão a laser: transformação sol-gel foto-induzida de um boneco de gel PTA-HABI. (b) Corte a laser: um pedaço de gel (com cerca de 2,5 cm de comprimento) pendurado numa agulha é "cortado" por luz no meio. (c) Perfuração a laser: um pedaço de gel (com cerca de 1 mm de espessura) é "perfurado" por laser de 405 nm no centro. Esquerda: poro, tamanho 0,3 cm; direita: grelha, tamanho do poro 0,3 mm. (d) Remoldagem a laser: ciclo sol-gel fotoplástico. De acordo com a direção da seta: pedaços de gel, 1st irradiação de luz (fundido), 1st gelificação, 2nd irradiação, 2nd gelificação, 3rd irradiação e 3rd gelificação. O tamanho da cuvete em d é de 10 x 2 mm. (e) Padronização da superfície fotoplástica: imagens SEM ampliadas em várias escalas da superfície do gel após irradiação UV durante 3 min. Esquerda: modelação da superfície em grande escala. Meio: imagens SEM de áreas selecionadas da superfície do gel a partir da caixa vermelha. Direita: imagens SEM de área selecionada da superfície do gel a partir da caixa azul. Observa-se a diferença distinta entre os canais expostos (rugas orientadas) e as máscaras não expostas (rugas aleatórias). (f) Mecanismo proposto para a transformação fotoplástica do gel PTA-HABI. A fonte de luz é um laser de 405 nm (100 mW/cm^2)

para todas as experiências.

Outra transformação vertical do gel demonstra que o gel é "cortado" após irradiação de luz de 405 nm através do centro do gel (corte a laser). O gel vertical é cortado por laser em 10 s (Fig. 3-5b). O efeito fotoplástico dos géis de PTA-HABI foi demonstrado através do teste de foto-corte dos géis de PTA-HABI após irradiação de 405 nm e 640 nm (Fig. 3-9). Observa-se que ambas as temperaturas das amostras aumentam para 58 °C e 67 °C após 30 s de irradiação dos lasers de 405 nm e 640 nm, respetivamente. No entanto, o gel de PTA-HABI não foi cortado com a irradiação de 640 nm, mas foi cortado em pedaços com a irradiação de 405 nm. Devido à dissociação foto-induzida do HABI após a irradiação de 405 nm, que é demonstrada na Fig. 3-3, podemos concluir que a transformação dos géis de PTA-HABI resulta do processo fotoplástico e não termoplástico dos géis de PTA-HABI. A perfuração a laser demonstrou que, após irradiação com um laser de 405 nm, o centro do gel é penetrado em 5-10 segundos, dependendo da espessura do gel. Os poros de macroescala no gel são bem definidos com um alargamento mínimo (Fig. 3-5c, à esquerda). A microperfuração a laser é efectuada com a ajuda de uma máscara fotográfica para obter uma matriz de poros com um tamanho de poro de cerca de 0,3 mm (Fig. 3-5c, direita). Tendo em conta a transformação fotoplástica entre o sol de polímero e o gel, cortámos o gel de PTA-HABI em pequenos pedaços para remoldagem a laser (Fig. 3-5d). Após irradiação com laser de 405 nm, os pedaços de gel colocados na cuvete tornam-se azuis, "derretem" gradualmente e, por fim, transformam-se num sol em 1-2 minutos. Depois de o sol na cuvete permanecer no escuro durante 10 minutos, o sol recupera o estado de gel. O processo de ciclo sol-gel fotoplástico pode ser repetido várias vezes, o que demonstra a excelente reversibilidade da transição sólido-líquido do gel de PTA-HABI. Observa-se que, após irradiação com laser de 405 nm, o gel de PTA-HABI contendo 10 mol% e 5 mol% de grupos HABI torna-se fluido em cerca de 3 min e 1 min, respetivamente. Isto indica que a transformação sol-gel foto-induzida de amostras de baixa densidade de reticulação é mais rápida do que as de alta densidade de reticulação. É de salientar que os géis também são sensíveis à luz branca, o que é atribuído à fotossensibilidade da HABI à luz azul sub-500 nm (Fig. 3-10). Como controlo, o tetrafeniletileno (TPE) sem caraterística fotocrómica é utilizado como reticulador para sintetizar o gel PTA-TPE, que não apresenta qualquer fotocromismo e transição sólido-líquido após irradiação de luz UV ou branca (Fig. 3-11 e Fig. 3-12). Assim, os pontos de reticulação HABI fotocrómicos devem ser responsáveis pela transição sólido-líquido foto-induzida do gel.

As moléculas foto-sensíveis são frequentemente utilizadas para a modelação direta da grelha de gel. Por conseguinte, a reconfiguração molecular da superfície foto-induzida e a subsequente fotopadronização são observadas na superfície do gel PTA-HABI (Fig. 3-5e, à esquerda). É interessante observar as ondulações aleatórias na máscara não exposta (Fig. 3-5e, meio), enquanto as estruturas de rugas se tornam orientais ao atravessar o canal exposto entre a máscara de sombreamento (Fig. 3-5e, direita). Deduzimos que as cadeias de polímero na parte não exposta servem de modelos ou sementes para direcionar o crescimento da orientação da estrutura de rugas na parte exposta. Uma explicação possível é que, após a irradiação UV, os pontos de reticulação HABI são desintegrados, o que provoca a diminuição da tensão de compressão e a reconfiguração molecular da superfície do gel [35]. Assim, as estruturas de rugas podem ser reconfiguradas devido à recombinação dos pontos de reticulação do gel de polímero, fazendo com que a grelha de gel passe de ondulações não orientadas para uma estrutura de rugas orientais após a irradiação da luz.

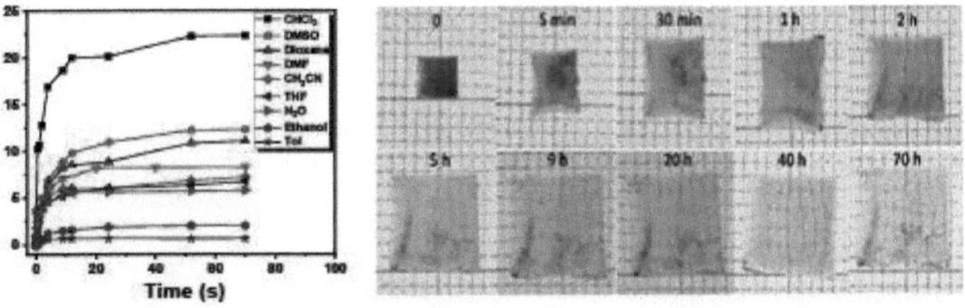

Fig. 3-6 Inchaço dos géis de PTA-HABI em vários solventes. Um pedaço de gel de PTA-HABI (10%) foi imerso durante vários tempos em $CHCl_3$, DMSO, 1, 4-dioxano, DMF, CH_3CN, THF, H_2O, etanol e tolueno, respetivamente. O Q é definido como Q = $(m_i-m_0)/m_0$, em que m0 é a massa do gel antes da imersão no solvente e m_i é a massa do gel após imersão no solvente durante t_i. O tamanho e o peso do gel são preparados para serem cúbicos e controlados com uma massa de cerca de 24~25 mg. As imagens acima representam o gel imerso em DMF durante diferentes períodos de tempo. O rácio de inchamento máximo (Q) em DMF é de 8,27.

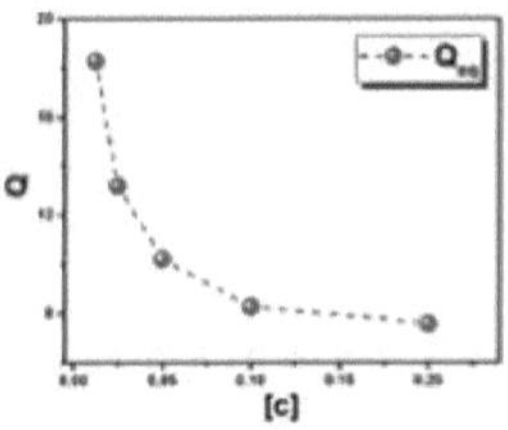

Fig. 3-7 Inchaço do gel de PTA-HABI com diferentes concentrações de reticulante. O valor Q_{eq} é o estado de equilíbrio do gel (298 K) em DMF para diferentes conteúdos de gel de PTA-HABI.

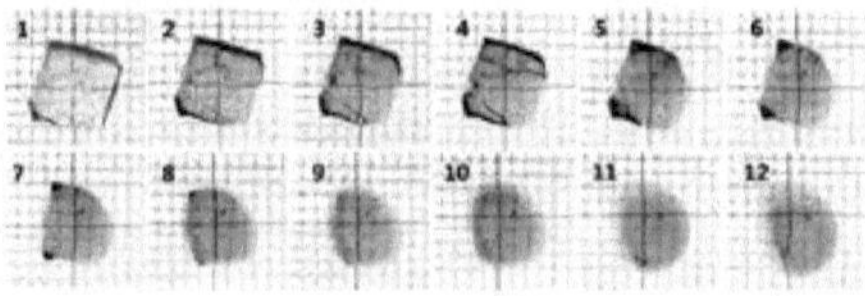

Fig. 3-8 Transformação do gel de PTA-HABI sob excitação contínua de luz UV com diferentes tempos: (1) 0, (2) 28, (3) 56, (4) 82, (5) 116, (6) 138, (7) 166, (8) 206, (9) 238, (10) 286, (11) 320, (12) 386 s. A barra de escala da caixa pequena é de 1 mm. O hidrogel foi primeiro imerso em DMF e equilibrado antes do ensaio.

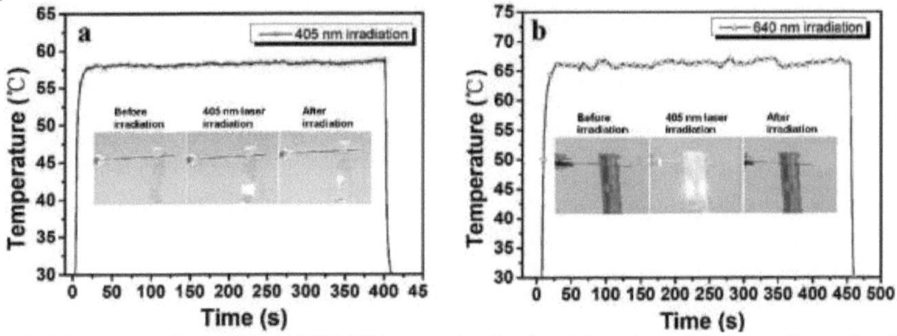

Fig. 3-9 Os organogéis de PTA-10%HABI (o tamanho das tiras triangulares é de 3 mmx3 mmx2 cm) em DMF foram irradiados com lasers de (a) 405 nm e (b) 640 nm, respetivamente. As curvas azul e

vermelha representam a variação de temperatura na amostra. A parte de dentro de cada painel mostra os três estados de cada amostra (antes da irradiação, irradiação de 405 nm ou 640 nm, depois da irradiação).

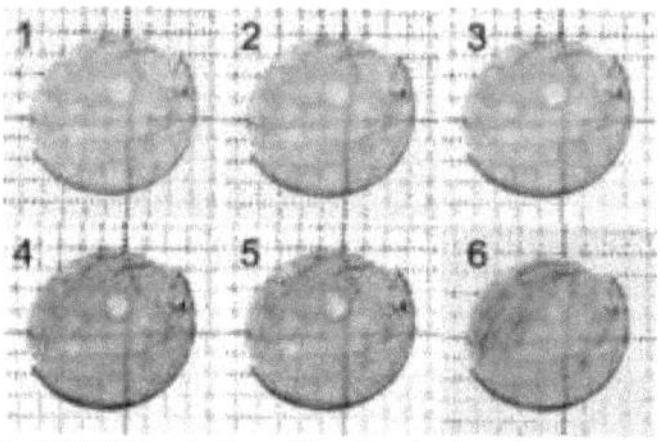

Fig. 3-10 Imagens do gel de PTA-HABI sob irradiação de luz branca com diferentes tempos: (1) 0 s, (2) 8 s, (3) 30 s, (4) 60 s, (5) 100 s e (6) laser de 405 nm durante 10 s. A barra de escala da caixa pequena é de 1 mm. A densidade de potência do laser 405 é de 100 mW/cm .[2]

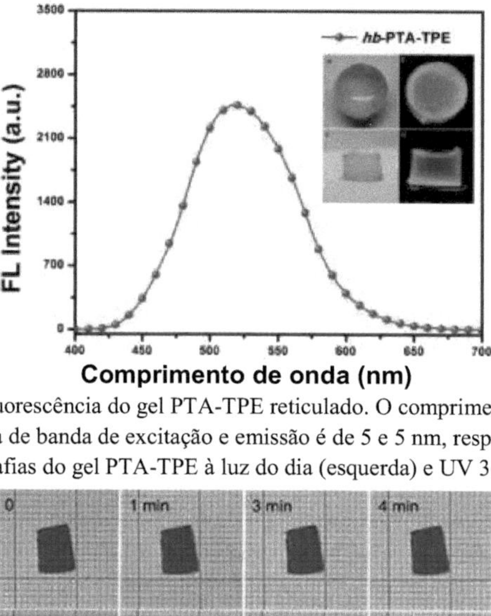

Fig. 3-11 Espectro de fluorescência do gel PTA-TPE reticulado. O comprimento de onda de excitação é de 360 nm e a largura de banda de excitação e emissão é de 5 e 5 nm, respetivamente. No interior estão as fotografias do gel PTA-TPE à luz do dia (esquerda) e UV 365 nm (direita).

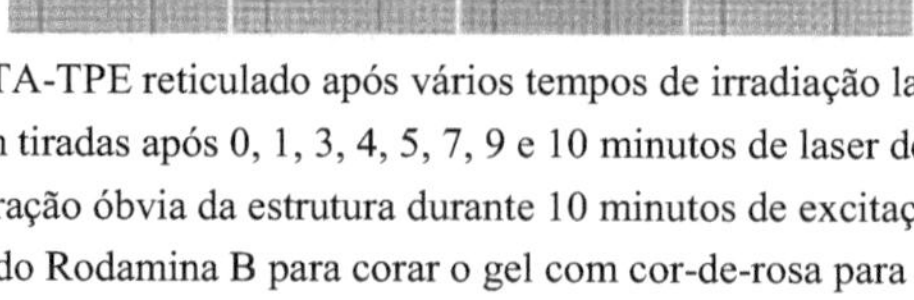

Fig. 3-12 Imagens de PTA-TPE reticulado após vários tempos de irradiação laser de 405 nm (100 mW). As imagens foram tiradas após 0, 1, 3, 4, 5, 7, 9 e 10 minutos de laser de 405 nm e não foi observada qualquer alteração óbvia da estrutura durante 10 minutos de excitação contínua. O gel foi imerso em DMF contendo Rodamina B para corar o gel com cor-de-rosa para melhor visibilidade.

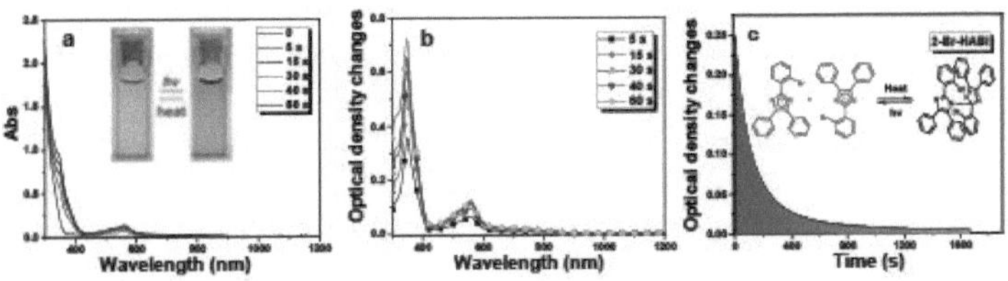

Fig. 3-13 (a) Espectro de absorção UV-vis do 2-Br-HABI em solução após vários tempos de irradiação, (b) alterações da densidade ótica e (c) cinética de desvanecimento. A concentração de 2-Br-HABI foi preparada para ser $6{,}3\times10^{-5}$ mol L^{-1} e monitorizámos as alterações da densidade ótica a 550 nm em (c). No interior de (a) e (c) encontram-se fotografias do fotocromismo e da equação química do 2-Br-HABI.

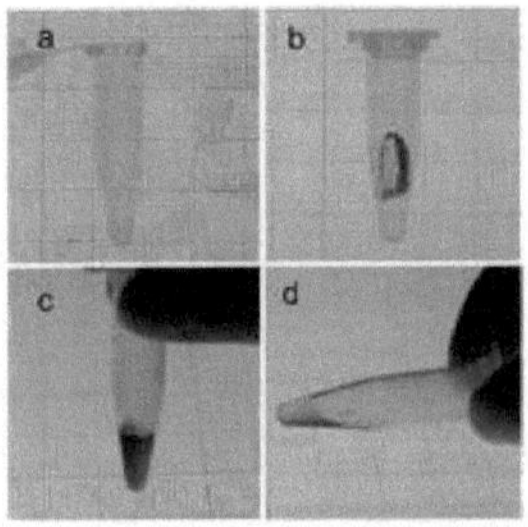

Fig. 3-14 Desintegração do gel de PTA-HABI. O gel (a) antes da irradiação à luz do dia, (b) após 10 s e (c) 2 min de irradiação laser de 405 nm, (d) depois mantido no escuro durante 1 dia. O gel de PTA-HABI foi imerso numa solução de 2-Br-HABI (40 mg/ 1 ml, em DMF) durante 1 dia antes de ser utilizado nesta experiência.

Deduzimos que a reticulação poderia ser destruída pela adição de pequenas moléculas HABIs, uma vez que a recombinação cruzada de diferentes TPIRs é um processo não seletivo e limitado pela difusão [36]. Assim, mergulhámos o gel de PTA-HABI numa solução de 2- Br-HABI em DMF, que apresenta propriedades muito semelhantes às do 2-bromo-terapropargil-HABI (Fig. 3-13). Como apresentado na Fig. 3-14, o gel incolor transforma-se numa solução azul-púrpura após irradiação. No entanto, não se observou qualquer gelificação óbvia quando o sol permaneceu durante muito tempo, mesmo 1 dia, o que se deve à recombinação cruzada entre dois tipos de TPIRs de pequenas moléculas e o gel de PTA-HABI. Assim, propusemos um esquema para ilustrar o mecanismo da transformação sol-gel foto-induzida do gel de PTA-HABI na Fig. 3-5f.

Geralmente, a resistência mecânica do gel de PTA-HABI diminui drasticamente após a adsorção do solvente. Por conseguinte, preparámos uma série de géis de PTA-HABI secos, designados elastómeros fotoplásticos de PTA-HABI, e investigámos as suas propriedades optomecânicas e de auto-regeneração. A resposta optomecânica do elastómero fotoplástico PTA-HABI é demonstrada por experiências de tensão-deformação. O elastómero PTA-HABI apresenta uma deformação elástica repetível dentro de uma tensão de 100% durante o primeiro estiramento sem qualquer irradiação de luz (Fig. 3-15a). A experiência de tensão-deformação fotoplástica é efectuada com um laser de 405 nm. A primeira medição da mancha de tensão é efectuada sem qualquer irradiação (Fig. 3-15b, preto). Após a irradiação com laser de 405 nm, a amostra do elastómero PTA-HABI é esticada pela segunda vez. Em comparação com a primeira medição da tensão-deformação sem irradiação de 405 nm, observámos uma clara diminuição do valor da tensão devido à irradiação da luz (18,2% a 100% de tensão) (Fig. 3-15b, vermelho). Os resultados puderam ser repetidos quando realizámos a medição da tensão-deformação pela terceira vez com irradiação de 405 nm, o que é atribuído ao efeito fotoplástico dos elastómeros PTA-HABI (Fig. 3-15b, azul). Presumimos que o efeito fotoplástico, e não termoplástico, dos elastómeros PTA-HABI resulta da diminuição da densidade de reticulação após a irradiação da luz. A tendência semelhante é observada noutras amostras com diferentes espessuras (Fig. 3-16).

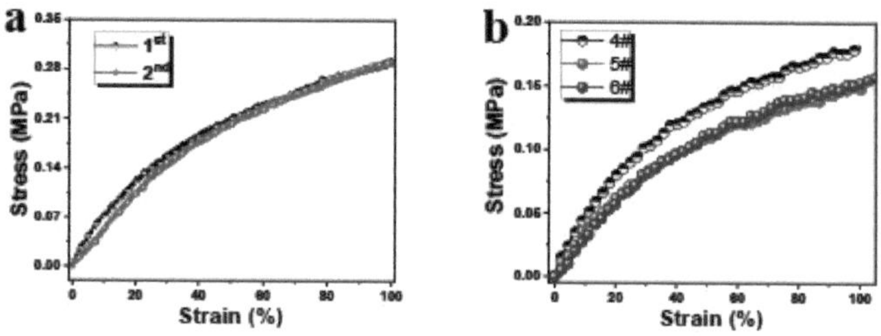

Fig. 3-15 (a) Propriedades mecânicas do elastómero PTA-HABI para dois tempos. O ensaio é efectuado com uma tensão de 100% para garantir que a amostra está em deformação elástica. (b) Propriedades mecânicas dos elastómeros PTA-HABI com luz. Linha preta, sem luz; linha vermelha, ensaio com luz (1st); linha azul, segundo ensaio com luz. Os resultados provam que as alterações mecânicas foto-induzidas são reversíveis.

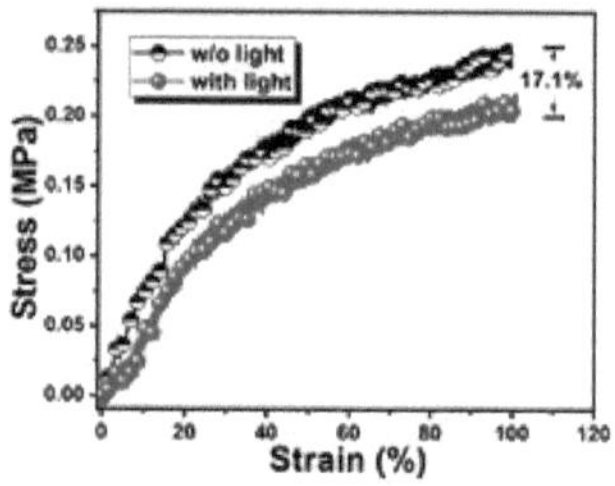

Fig. 3-16 Propriedades mecânicas dos elastómeros PTA-HABI com luz. Linha preta, sem luz; linha vermelha, teste com luz (1st); linha azul, segundo teste com luz. Ao testar com amostras diferentes, obtivemos resultados exatamente semelhantes.

3.2.3 Auto-reparação

Descobriu-se que o elastómero fotoplástico PTA-HABI apresenta um excelente comportamento de auto-regeneração. Cortamos uma peça de elastómero em duas e deixamos simplesmente as interfaces de fratura das duas peças em contacto, sem aplicar qualquer pressão adicional. Observa-se que a deformação na rutura é de apenas 89% quando cicatriza durante 24 h no escuro (Fig. 3-17a, verde), o que é próximo do valor (85%) após cicatrização durante 1 h com irradiação de luz branca (5 mW/cm^2) (Fig. 3-17a, azul). A deformação na rutura é medida em 123%, 185% e 338% após a cicatrização durante 6 h, 12 h e 24 h com irradiação de luz branca, respetivamente (Fig. 3-17a). É de salientar que a tensão na rutura do elastómero auto-regenerável após apenas 1 h de regeneração com irradiação de luz branca se aproxima do valor no escuro durante 24 h, o que indica que a luz melhora significativamente a auto-regeneração do elastómero. Após a irradiação com luz branca durante 24 h, a tensão de rutura do PTA-

HABI aumenta para 338% (Fig. 3-17a, vermelho escuro), que é próximo do elastómero PTA-

HABI original (363%) (Fig. 3-17a, escuro). É visível a olho nu que as peças de elastómero PTA-HABI podem auto-regenerar-se após 24 horas no escuro à temperatura ambiente, podendo ser esticadas até 1,8 vezes o comprimento original (Fig. 3-17b, meio). Enquanto as peças de elastómero com melhor propriedade de auto-regeneração sob luz branca (5 mw/cm^2) à temperatura ambiente, podem ser esticadas até 4,6 vezes o comprimento original (Fig. 3-17b, em baixo). Como controlo, a tensão na rutura do elastómero PTA-TPE com o mesmo teor de reticulação permanece apenas 20% após o corte seguido de 24 h de permanência (Fig. 3-17a, cinzento). Assim, não é alcançada qualquer auto-regeneração (Fig. 3-17b, em cima). Assim, é certo que os elastómeros fotoplásticos PTA-HABI apresentam um excelente comportamento de auto-regeneração que é significativamente melhorado pelo envolvimento da luz.

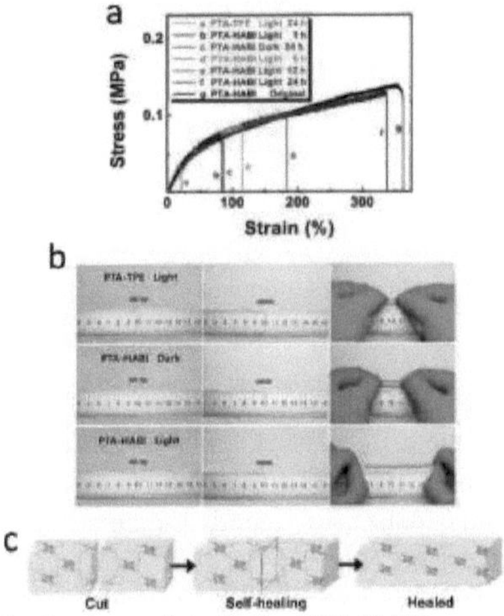

Fig. 3-17 Auto-regeneração do elastómero fotoplástico PTA-HABI sem solventes à temperatura ambiente. (a)
Curvas tensão-deformação do elastómero PTA-HABI. A tensão na rutura: dois elastómeros de PTA-TPE cortados com irradiação de luz durante 24 h (20%), elastómero de PTA-HABI original (363%), dois elastómeros de PTA-HABI cortados que cicatrizam no escuro durante 24 h (89%), e dois elastómeros de PTA-HABI cortados que cicatrizam com irradiação de luz branca (5 mW/cm^2) à temperatura ambiente durante 1 h (85%), 6 h (123%), 12 h (185%) e 24 h (338%). Todos os testes de tração foram realizados utilizando uma taxa de deformação de 2 mm/min a 25 °C. Estas amostras são cilíndricas, com 3 mm de diâmetro e 2 cm de comprimento. (b) Fotografias do comportamento de auto-regeneração do elastómero PTA-HABI com irradiação branca à temperatura ambiente (em baixo) em comparação com o controlo PTA-TPE (em cima) e o elastómero PTA-HABI no escuro (no meio). Da esquerda para a direita, corte, auto-regeneração e estado esticado, respetivamente. (c) Mecanismo proposto para a auto-regeneração do elastómero fotoplástico PTA-HABI.

Supomos que o comportamento de auto-cura do elastómero sem solvente PTA-HABI resulta da natureza termodinâmica do HABI. Após a irradiação de luz ambiente, os TPIRs resultantes entre as interfaces de fratura de duas peças de elastómero podem recombinar-se para formar HABIs. Como resultado, podem auto-regenerar-se sem qualquer estímulo e o mecanismo correspondente foi mostrado na Fig. 3-17c. O relatório anterior indica que a auto-regeneração do elastómero tem lugar na necessidade de solvente e não funciona bem a baixa temperatura [37]. Aqui, realizamos uma experiência de auto-regeneração do elastómero sem solvente, que tem a vantagem de manter a resistência mecânica dos materiais regenerados. A auto-regeneração pode funcionar mesmo a uma temperatura de congelação (0 °C), embora seja necessário um tempo de regeneração um pouco mais longo, o que exclui a auto-regeneração induzida por calor (Fig. 3-18). Assim, esta técnica de auto-regeneração baseada na comutação fotográfica de HABI é resistente à água, desnecessária ao calor ou à pressão, o que é promissor na cicatrização de tecidos moles ou feridas, na auto-regeneração ou na selagem de materiais sólidos em estado seco, como elastómeros, borracha, plásticos, etc.

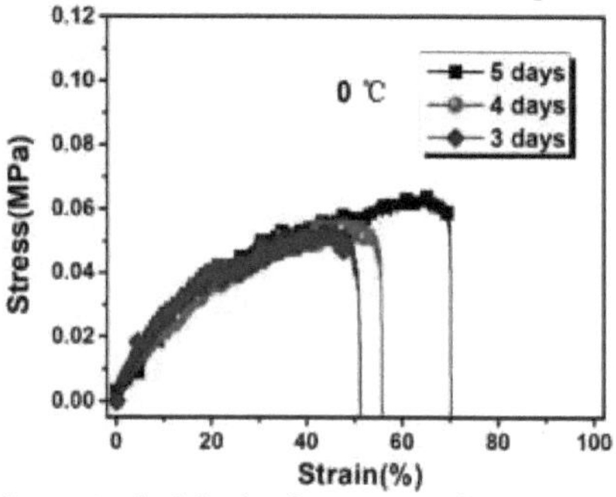

Fig. 3-18 Curvas tensão-deformação de dois elastómeros cortados após cura durante 3, 4 e 5 dias a 273 K.

3.2.4 Mola fotoplástica PTA-HABI-TPE

Além disso, fabricámos uma mola fotoplástica baseada em reticuladores duplos de HABI e TPE (Fig. 3-19). Sintetizámos a mola PTA-HABI-TPE com dipropargil- PEG1000 como unidade hidrofílica, 1,6-diazidohexano como ligante, 2-Br-tetrapropargil-HABI e tetrapropargil-TPE como reticulante (Fig. 3-19a). A demonstração da amostra é efectuada em cinco estados, ou seja, estado original (estado I), carregamento a 100 g de peso (estado II), carregamento a 100 g de peso mais irradiação de luz de 405 nm (estado III), descarregamento sem luz (estado IV) e fotocura final (estado V). A deformação elástica é observada entre o estado I e o estado II, seguida da deformação plástica adicional do estado II para o estado III após irradiação com luz de 405 nm. Após o carregamento de 100 g de peso, a mola PTA-HABI-TPE apresenta um alongamento elástico. No entanto, a deformação plástica irreversível ocorre para além do alongamento elástico reversível quando a mola carregada é exposta à luz de 405 nm. Removendo a luz e a carga (estado III para estado IV), a deformação elástica desaparece, mas a deformação plástica mantém-se. No entanto, a amostra pode ser recuperada para o comprimento original (Estado V) e a deformação plástica pode ser eliminada após irradiação de luz adicional. O processo de auto-recuperação da mola fotoplástica PTA-HABI-TPE pode ser repetido várias vezes (Fig. 3-19b). Descobriu-se que a mola fotoplástica PTA-HABI-TPE apresenta um comportamento reversível de tensão-deformação (Fig. 3-19c). A tensão inicial a 60% da deformação é de cerca de 0,11 MPa. A tensão a 60% da deformação torna-se 0,09 MPa após irradiação de 405 nm durante 1 ciclost . No estado inicial do ciclo 2nd , ou seja, o estado recuperado após o ciclo 1st , a tensão a 60% da deformação é de 0,10 MPa, enquanto a tensão desce novamente para 0,09 MPa após a irradiação de 405 nm. A tensão inicial é de 0,10-0,11 MPa, que desce para 0,08-0,09 MPa após a irradiação de 405 nm. É surpreendente que a deformação elástica e a deformação plástica possam ser convertidas após a irradiação de luz, o que é demonstrado na Fig. 3-19d. A mola apresenta uma deformação elástica (Se) ao carregar o peso, enquanto a deformação plástica adicional (Sp) ocorre com a irradiação de luz devido à reticulação reversível e ao deslizamento de domínios no elastómero. Neste momento, a deformação elástica desaparecerá e a deformação plástica manter-se-á se a luz e a carga forem interrompidas. Finalmente, a deformação plástica da mola desaparecerá após irradiação de luz adicional, que é o resultado corporativo da reticulação permanente do TPE e da reticulação por foto-transformação do HABI. O efeito total é a transformação foto-induzida entre a tensão plástica e a tensão elástica da mola fotoplástica. Supõe-se habitualmente que, em comparação com a deformação elástica reversível, a deformação plástica é irreversível. No entanto, após a irradiação da luz, a deformação plástica da mola PTA-HABI-TPE pode ser eliminada e tornar-se reversível, tal como a deformação elástica. Por conseguinte, demonstramos um protótipo de mola fotoplástica, que apresenta um comportamento de deformação plástica comutável por luz, ou seja, a deformação plástica é transformada em deformação elástica após irradiação de luz.

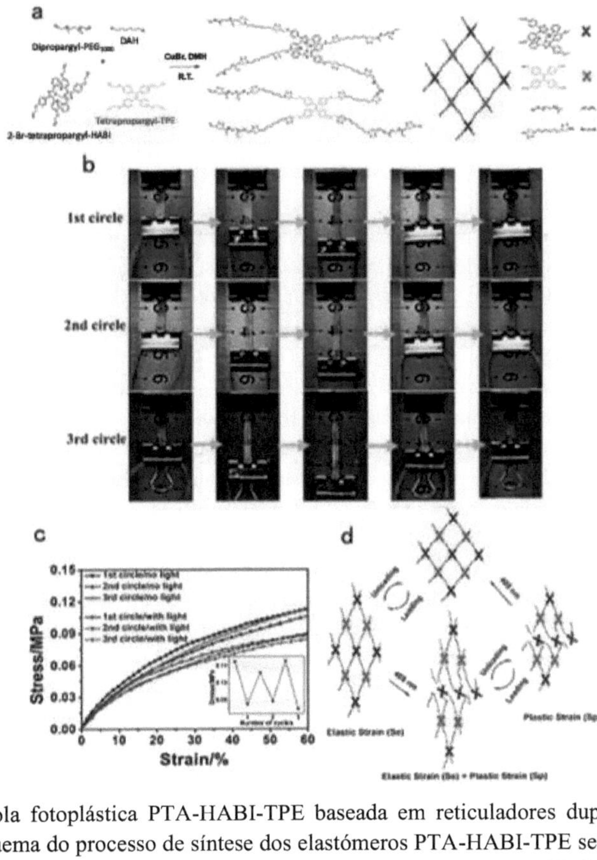

Fig. 3-19 Mola fotoplástica PTA-HABI-TPE baseada em reticuladores duplos de HABI e TPE. (a) Esquema do processo de síntese dos elastómeros PTA-HABI-TPE sem solventes. (b) Fotografias da ciclagem por 3 vezes da mola fotoplástica PTA-HABI-TPE. Da esquerda para a direita, estado original (Estado I), carregamento a 100 g de peso (Estado II), carregamento de 100 g mais irradiação de luz de 405 nm (Estado III), descarregamento sem luz (Estado IV) e fotocura final (Estado V). Estas amostras são cilíndricas, com 3 mm de diâmetro e um

comprimento total de 2 cm. (c) Curvas tensão-deformação reversíveis do elastómero PTA-HABI após ciclos de irradiação luminosa. 1º ciclo: estado inicial e irradiação de luz, 2º ciclo: estado inicial e irradiação de luz, 3º ciclo: estado inicial e irradiação de luz. No interior, está representado o gráfico das alterações de tensão a 60% de deformação em 3 ciclos. O comportamento tensão-deformação é reversível. (d) Mecanismo proposto para a transformação entre deformação elástica e plástica das molas fotoplásticas PTA-HABI-TPE. Laser de 405 nm: 100 mW/cm2.

Os hexa-arilbiimidazóis (HABIs) tornaram-se os representantes dos materiais fotocrómicos do tipo "T" devido à sua cinética de desvanecimento rápido da recombinação de radicais coloridos e à sua forte resistência à fadiga. O gel e o elastómero à base de HABI proporcionam múltiplos efeitos fotoresponsivos, ou seja, fotocromismo, EPR comutável por foto e transformação de solgel, bem como fotopadronização da superfície. A dissociação foto-induzida de HABI produz dois radicais com absorção visível e atividade EPR, o que é designado por efeito fotocrómico e EPR comutável. A integração do HABI com o fluoróforo produz HABIs fluorescentes foto-comutáveis com elevado rendimento quântico de fluorescência e rácio de comutação de fluorescência, que tem sido aplicado na imagiologia de super-resolução. O gel HABI pode ser utilizado para fusão a laser, corte a laser, perfuração a laser e remodelação a laser. O gel HABI apresenta rugas na superfície devido ao desfasamento do módulo entre a superfície e o volume do gel, que é causado pela dissociação foto-induzida e pela natureza de recombinação do gel PTA-HABI. As propriedades ópticas, electromagnéticas e de superfície dos géis foto-comutáveis à base de HABI são eventualmente determinadas pela alteração da estrutura molecular foto-comutável. É possível imaginar que os HABIs podem ser integrados em mais tipos de materiais funcionais, tais como adesivos, membranas, fotoplásticos e resinas fotocuráveis, para desenvolver mais aplicações micro-optomecânicas em foto-reticulação, foto-ablação, foto-reconfiguração, foto-cura e impressão 4D.

3.4 Conclusão

Em resumo, concebemos uma nova classe de transformação fotoplástica baseada em redes dinâmicas de politriazol (PTA) covalentemente reticulado com os pontos de reticulação compostos por HABI fotocleaveable, que exibem abundantes propriedades opto-mecânicas e aplicações. Com a ajuda da reação Click entre alcinos e azidas, o procedimento sintético das redes de polímeros PTA-HABI ultrapassou o inconveniente dos métodos tradicionais de polimerização radicalar. Após a irradiação da luz, o gel exibe uma transição de gel sólido para um sol fluido. A desintegração fotocontrolada e a vulcanização do ponto de reticulação HABI permitiram que o gel fosse fundido, cortado, perfurado, remoldado e modelado à superfície pela luz. Com base no comportamento termodinâmico fotomelhorado do HABI, demonstrámos que o elastómero PTA-HABI apresenta propriedades automáticas de auto-regeneração à temperatura ambiente, que são significativamente melhoradas pela luz branca. A mola fotoplástica é fabricada e apresenta um comportamento de deformação plástica foto-comutável, ou seja, a deformação plástica é transformada em deformação elástica após irradiação de luz. As redes poliméricas baseadas em HABI, incluindo o gel solvatado e o elastómero sem solventes, são promissoras como materiais inteligentes para aplicações de mudança de forma, transformação e auto-regeneração não térmicas foto-activadas.

Referências

[1] Montarnal, D.; Capelot, M.; Tournilhac, F. & Leibler, L. Silica-Like Malleable Materials from Permanent Organic Networks. *Science* **2011**, *334*, 965-968.

[2] Brunsveld, L.; Folmer, B. J. B.; Meijer, E. W. & Sijbesma, R. P. Supramolecular Polymers. *Chem. Rev.* **2001**, 101, 4071-4098.
[3] Burnworth M.; Tang, L.; Kumpfer, J. R.; Duncan, A. J.; Beyer, F. L.; Fiore, G. L.; Rowan, S. J.; Weder, C. Optically Healable Supramolecular Polymers. *Nature* **2011**, *472*, 334-337.
[4] Zhang, F.; Xiong, L. G.; Ai, Y. J.; Liang, Z.; Liang, Q. L. Hidrogel Multiresponsivo Esticável com Propriedades Atuáveis, Memória de Forma e Autocura. *Adv. Sci.* **2018**, *5*, 1800450.
[5] Rowan, S. J.; Cantrill, S. J.; Cousins, G. R. L.; Sanders, J. K. M. & Stoddart, J. F. Dynamic Covalent Chemistry. *Angew. Chem. Int. Ed.* **2002**, *41*, 898-952.
[6] Maeda, T.; Otsuka, H.; Takahara, A., Polímeros covalentes dinâmicos: Reorganizable Polymers with Dynamic Covalent Bonds (Polímeros reorganizáveis com ligações covalentes dinâmicas). *Progresso na Ciência dos Polímeros* **2009**, *34*, 581604.
[7] Rottger, M.; Domenech, T.; van der Weegen, R.; Breuillac, A.; Nicolay, R.; Leibler, L., Vitrimers de alto desempenho de termoplásticos de commodities por meio de metatese de dioxaborolano. *Ciência* **2017**, *356*, 62-65.
[8] Zhang, Y.; Ying, H.; Hart, K. R.; Wu, Y.; Hsu, A. J.; Coppola, A. M.; Kim, T. A.; Yang, K.; Sottos, N. R.; White, S. R.; Cheng, J., Termofixos maleáveis e recicláveis de poli(ureia-uretano) com ligações de ureia impedidas. *Adv. Mater.* **2016**, *28*, 7646-51.
[9] Li, C.; Yan, H.; Zhao, L. X.; Zhang, G. F.; Hu, Z.; Huang, Z. L.; Zhu, M. Q., A Trident Dithienylethene-Perylenemonoimide Dyad with Super Fluorescence Switching Speed and Ratio. *Nat. Commun.* **2014**, *5*, 5709.
[10] Jia, C.; Migliore, A.; Xin, N.; Huang, S.; Wang, J.; Yang, Q.; Wang, S.; Chen, H.; Wang, D.; Feng B.; Liu, Z.; Zhang, G.; Qu, D.-H.; Tian. H.; Ratner, M. A.; Xu, H. Q.; Nitzan, A.; Guo, X. Junções de molécula única ligadas covalentemente com condutividade fotossensível estável e reversível. *Ciência* **2016**, *352*, 1443.
[11] Lv, J.-A.; Liu, Y.; Wei, J.; Chen, E.; Qin, L.; Yu, Y. Fotocontrolo de balas de fluido em microactuadores de polímero de cristal líquido. *Natureza* **2016**, *537*, 179-184.
[12] Lu, X.; Guo, S.; Tong, X.; Xia, H.; Zhao, Y., Tunable Photocontrolled Motions Using Stored Strain Energy in Malleable Azobenzene Liquid Crystalline Polymer Actuators. *Adv. Mater.* **2017**, *29*, 1606467.
[13] lamsaard, S.; ABhoff, S. J.; Matt, B.; Kudernac, T.; Cornelissen, J. J. L. M.; Fletcher, S. P.; Katsonis, N. Conversão da luz em movimento helicoidal macroscópico. *Nat. Chem.* **2014**, *6*, 229-235.
[14] Honda, S.; Toyota, T. Photo-Triggered Solvent-Free Metamorphosis of Polymeric Materials (Metamorfose de Materiais Poliméricos Sem Solventes Fotogerada). *Nat. Commun.* **2017**, *8*, 502.
[15] Kobatake, S.; Takami, S.; Muto, H.; Ishikawa, T. & Irie, M. Rapid and Reversible Shape Changes of Molecular Crystals on Photoirradiation. *Nature* **2007**, *446*, 778-781.
[16] Mamiya J. I.; Kuriyama A.; Yokota N.; Yamada M; Ikeda T. Materiais poliméricos fotomóveis: Photoresponsive Behavior of Cross-Linked Liquid-Crystalline Polymers with Mesomorphic Diarylethenes. *Chem. Euro. J.* **2015**, *21*, 3174-3177.
[17] Zhou, H.; Xue, C; Weis, P.; Suzuki, Y.; Huang, S.; Koynov, K.; Auernhammer, G. K.; Berger, R.; Butt, H.-J.; Wu, S. Photoswitching of Glass Transition Temperatures of Azobenzene-Containing Polymers Induces Reversible Solid-to-Liquid Transitions. *Nature Chem.* **2017**, *9*, 145-151.

[18]Takashima, Y.; Hatanaka, S.; Otsubo, M.; Nakahata, M.; Kakuta, T.; Hashidzume, A.; Ymotoguchi, H.; Harada, A., Expansão-Contração de Músculo Artificial Fotoresponsivo Regulado por Interações Anfitrião-Hóspede. *Nat. Commun.* **2012**, *3*, 1270.
[19]Chen, S.; Tang, F.; Tang, L. Z.; Li, L. D. Síntese de hidrogel de nanopartículas de Cu com propriedades de auto-cura e fototérmicas. *ACS Appl. Mater. Inter.* **2017**, *9*, 20895.
[20]Tang, F.; Ma, N.; Tong, L. Y.; He, F.; Li, L. D. Controlo da fluorescência reforçada por metais com microgéis híbridos termorresponsivos e com pH. *Langmuir* **2012**, *28*, 883.
[21]Peng, X.; Liu, T. Q.; Jiao, C.; Wu, Y. Q.; Chen, N.; Wang, H. L. Complex shape deformations of homogeneous poly(N-isopropylacrylamide)/graphene oxide hydrogels programmed by local NIR irradiation. *J. Mater. Chem. B.* **2017**, *5*, 7997.
[22]Hayashi, T.; Maeda, K. Preparação de uma nova substância fototrópica. *Bull. Chem. Soc. Jpn.* **1960**, *33*, 565-566.
[23]Kobayashi, Y.; Mishima, Y.; Mutoh, K.; Abe, J. Complexos Radicais Fotocrómicos Altamente Duradouros Sem Protecções Estéricas de Radicais. *Chem. Commun.* **2017**, *53*, 4315-4318.
[24]Verstraeten, F.; Gostl, R.; Sijbesma, R. P., Stress-Induced Colouration and Crosslinking of Polymeric Materials by Mechanochemical Formation of Triphenylimidazolyl Radicals. *Chem.* Commun. **2016**, *52*, 8608-8611.
[25]Ahn, D.; Zavada, S. R.; Scott, T. F. Rapid, Photomediated Healing of Hexaarylbiimidazole-Based Covalently Cross-Linked Gels. *Chem. Mater.* **2017**, *29*, 7023-7031.
[26]Mutoh, K., Sliwa, M. & Abe, J. Rapid Fluorescence Switching by Using a Fast Photochromic [2.2]Paracyclophane-Bridged Imidazole Dimer. *J. Phys. Chem. C* **2013**, *117*, 4808-4814.
[27]Romuald, C., Busseron, E. & Coutrot, F. CoConformações muito contraídas a alargadas com ou sem oscilações em cadeias [c2]Daisy de duas e três estações. *J. Org. Chem.* **2010**, *75*, 6516-6531.
[28]Canalle, L. A., van Berkel, S. S., de Haan, L. T. & van Hest, J. C. M. Copper-Free Clickable Coatings. *Adv. Funct. Mater.* **2009**, *19*, 3464-3470.
[29]Kato, T., Kawaguchi, A., Nagata, K. & Hatanaka, K. Desenvolvimento de sondas de oligossacáridos fluorescentes à base de tetrafeniletileno para deteção do vírus da gripe. *Biochem. Biophys. Res. Commun.* **2010**, *394*, 200-204.
[30]Kolb, H. C.; Finn, M. G. & Sharpless, K. B. Click Chemistry: Diversas Funções Químicas a partir de Algumas Boas Reacções. *Angew. Chem. Int. Ed.* **2001**, *40*, 2004-2021.
[31]Qin, A.; Lam, J. W.; Tang, B. Z. Click Polymerization. *Chem. Soc. Rev.* **2010**, *39*, 2522-44.
[32]Qin, A.; Lam, J. W. Y.; Tang, B. Z., Click Polymerization: Progresses, Challenges, and Opportunities (Progressos, Desafios e Oportunidades). *Macromolecules* **2010**, *43*, 8693-8702.
[33]Shima, K.; Mutoh, K.; Kobayashi, Y.; Abe, J., Enhancing the Versatility and Functionality of Fast Photochromic Bridged Imidazole Dimers by Flipping Imidazole Rings. *J. Am. Chem. Soc.* **2014**, *136*, 3796-9.
[34]Iwasaki, T.; Kato, T.; Kobayashi, Y.; Abe, J., Um dímero de imidazol quiral com BINOL que possui fotocromismo rápido de sub-milissegundo. *Chem. Commun.* **2014**, *50*, 7481-4.
[35]Hou, H.; Yin, J.; Jiang, X. Reação reversível de Diels-Alder para controlar os padrões de rugas: da química dinâmica aos padrões dinâmicos. *Adv. Mater.* **2016**, *28*, 91269132.
[36]Kimoto, A.; Niitsu, S.; Iwahori, F.; Abe, J., Formação de Heterodímeros de

Hexaarilbiimidazol através da Recombinação Cruzada de Dois Radicais Lophyl. *Novo J. Chem.* **2009**, *33*, 1339-1342.
[37] Imato, K.; Nishihara, M.; Kanehara, T.; Amamoto, Y.; Takahara, A.; Otsuka, H. Self-Healing of Chemical Gels Cross-Linked by Diarylbibenzofuranone-Based Trigger-Free Dynamic Covalent Bonds at Room Temperature. *Angew. Chem. Int. Ed.* **2012**, *51*, 1138-42.

CAPÍTULO 4

Hidrogéis isotrópicos acionados por luz visível como actuadores subaquáticos anisotrópicos

4.1 Introdução

As transformações macroscópicas da forma são frequentemente observadas em muitos organismos marinhos [1]. Por exemplo, as medusas e os chocos espremem a água encolhendo o corpo flexível para impulsionar a sua natação [2, 3]. A inteligência biológica inspirou a escavação de actuadores inteligentes de hidrogéis que podem alterar a sua forma original mediante o desencadeamento de estímulos externos, ou seja, temperatura, pH, luz, força iónica, campo magnético, etc. [4-9]. Os hidrogéis são candidatos ideais para actuadores flexíveis devido à sua biocompatibilidade e caraterísticas físico-químicas análogas às dos tecidos moles biológicos [10, 11]. As transformações abrangentes dos hidrogéis poliméricos como actuadores flexíveis dependem diretamente dos tipos e mecanismos de resposta aos estímulos. A luz, cujo controlo espácio-temporal é muito mais fácil do que o de qualquer outro estímulo, permite a manipulação não invasiva e remota de actuadores de hidrogel com uma excelente resolução espacial e temporal [12, 13]. Os hidrogéis poliméricos reactivos à luz têm atraído uma enorme atenção e mostrado aplicações extensivas em actuadores biomiméticos [14-17], engenharia de tecidos [18-20], biossensores [21], válvulas microfluídicas [22, 23] e robôs macios [24-28]. Em especial, em comparação com a irradiação UV, a luz visível é uma condição de ativação suave e facilmente disponível para aplicações práticas [29]. No entanto, o desenvolvimento de hidrogéis de elevada eficiência com base na ação reversível da luz visível continua a ser um desafio.

Os hidrogéis actuais podem realizar deformações simples de expansão/contração [30]. Para realizar uma transformação ou movimento subaquático abrangente, são geralmente adoptadas duas estratégias de fabrico [3]. Uma das abordagens mais populares consiste em preparar hidrogéis com estruturas não homogéneas ou anisotrópicas [31], tais como os hidrogéis hierárquicos com bicamada [32-34] e tricamada [35, 36] ou com distribuições gradientes/diferenciais de factores de efeito ao longo da espessura [37, 38]. Para fabricar hidrogéis anisotrópicos, são normalmente necessários processos complicados de fabrico em várias etapas. A outra estratégia consiste em preparar hidrogéis isotrópicos que apresentem comportamentos reactivos anisotrópicos após irradiação de luz localizada devido a conversão fototérmica ou reação fotoquímica [12]. Para hidrogéis fototérmicos reactivos, é necessário incorporar na matriz do hidrogel termo-responsivo agentes absorventes de luz que possam transformar a luz infravermelha (IR) ou visível em calor, tais como nanopartículas de metais preciosos (por exemplo, Ag, Au e Pt) [39, 40], óxido de grafeno (GO) [41, 42], grafeno [43] e polipirrol (PPy) [44]. No entanto, a compatibilidade entre os componentes multifásicos tem de ser abordada antecipadamente durante a preparação. Além disso, o efeito de sobreaquecimento induzido pela irradiação da luz provoca uma potencial toxicidade no organismo, o que é indesejável em aplicações de bioengenharia [45]. Em comparação, a transformação fotoquímica de hidrogéis com base em fotocomutadores de moléculas tornou-se a solução alternativa eficaz [13]. Harada et. al introduziram a-ciclodextrina e azobenzeno para conceber uma série de hidrogéis com estruturas de rede engenhosas [46-48]. No entanto, para além da utilização de luz UV de alta intensidade e comprimento de onda curto, a aplicação prática é limitada pelos movimentos lentos do atuador e pelas morfologias de transformação finitas devido à reação fotoquímica lenta do azobenzeno e ao subsequente processo de baixa difusão de água nos hidrogéis [49]. Existem também problemas semelhantes com os actuadores de hidrogéis à base de espiropirano [50, 51], sendo outra limitação o facto de terem de funcionar em condições ácidas específicas [52, 53]. Para ultrapassar o dilema dos actuais hidrogéis fotorresponsivos, é necessário integrar novas moléculas comutáveis por luz nos actuadores de hidrogel para aumentar a capacidade de resposta à luz e a estabilidade química [54].

Neste caso, para desenvolver os eficientes actuadores de hidrogel subaquáticos acionados por luz visível com fabrico fácil e transformações anisotrópicas diversificadas, foi concebido e sintetizado um tipo de géis de poliuretano (PU) de ligação cruzada covalente dupla através de copolimerização de um pote (Esquema 4-1) utilizando unidades de hexa-arilbiimidazol (HABI) foto-comutáveis (Fig. 4-1a) como pontos de ligação cruzada covalente dinâmica. Ao contrário dos géis relatados, que são fabricados com uma espessura muito fina de microns para garantir uma velocidade de resposta prática [55], os géis poliméricos baseados em HABI com espessura milimétrica apresentam uma elevada velocidade de resposta à luz, o que também facilita a manipulação e as aplicações de hidrogéis de grandes áreas e dimensões. Sob irradiação de luz incidente de 405 nm, foram demonstrados movimentos de flexão simples. O enrolamento, a torção e a dobragem flexíveis de hidrogéis de 0,2 mm de espessura em água podem ser programados espácio-temporalmente e conseguidos em dezenas de segundos, alterando os padrões de incidência da luz visível. Impressionantemente, a flor biomimética montada realizou as acções foto-controladas de desabrochar e fechar. O hidrogel em forma de roda pode rolar para a frente ou para trás numa superfície de vidro lisa após irradiação direcional de 405 nm. A reutilização/reciclagem dos géis à base de HABI é verificada devido à reversibilidade da comutação fotográfica. Além disso, os géis de poliuratano no estado seco têm uma elevada resistência mecânica, dureza e resistência à fadiga, comparável à dos tecidos moles biológicos. Tanto quanto sabemos, este trabalho é o primeiro estudo de actuadores subaquáticos baseados em HABI. O nosso trabalho pode fornecer novas perspectivas para a conceção de actuadores subaquáticos biomiméticos inteligentes com funções de programação espácio-temporal e excelentes propriedades mecânicas.

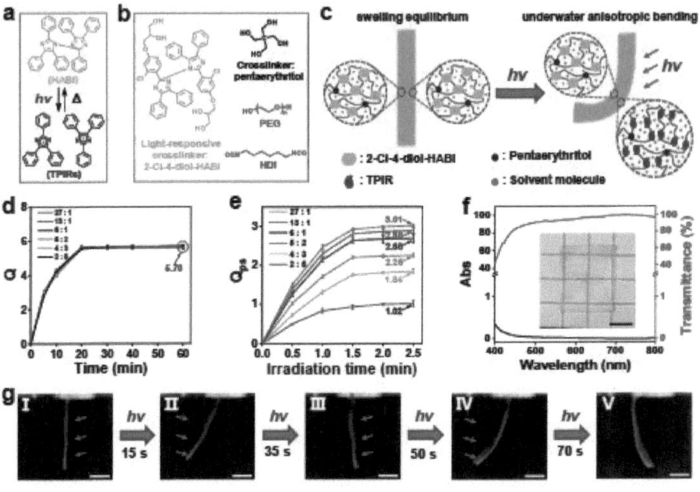

Fig. 4-1 Conceção molecular e flexão subaquática foto-induzida de géis de PU com ligações cruzadas

covalentes duplas. (a) Clivagem reversível da ligação covalente dinâmica C-N em HABI seguida da reabilitação espontânea à temperatura ambiente. (b) Estruturas dos monómeros utilizados para a copolimerização num único frasco. Quatro interruptores moleculares fotocrómicos decorados com hidroxilo HABI (2-Cl-4-diol-HABI),
pentaeritritol, polietilenoglicol (PEG) e diisocianato de hexametileno (HDI). (c) Representação esquemática da curvatura anisotrópica subaquática em direção à face sombreada. Irradiação de 405 nm do lado direito. (d) Comportamentos de inchamento de amostras de xerogel com diferentes proporções molares de 2-Cl-4-diol-HABI para pentaeritritol em água sem irradiação, até que o equilíbrio de inchamento (Q_{max}) seja finalmente atingido. Todas as espessuras das amostras originais de xerogel são de 0,4 mm. Barras de erro, desvio padrão para 3 medições. (e) Comportamentos de inchamento secundário foto-induzidos com o aumento do tempo de irradiação destes hidrogéis que atingiram o Q_{max} em água. Barras de erro, desvio padrão para 3 medições. (f) Espectro de absorção e transmitância UV-vis do hidrogel que atingiu o Q_{max} em água. A espessura da película de xerogel original utilizada nos ensaios acima referidos é de 0,4 mm. Detalhe: fotografia da película de hidrogel numa folha de papel A4 com uma grelha quadrada, a grelha quadrada tem um comprimento lateral de 1 cm. Barras de escala, 1 cm. (g) Fotografias da flexão anisotrópica subaquática foto-induzida com dois ciclos reversíveis. A densidade de potência do laser de 405 nm utilizado nas experiências acima referidas é de 100 mW/cm^2 . Barras de escala, 1 cm.

4.2 Secção de experiências

4.2.1 Preparação dos materiais

Todos os reagentes e solventes foram utilizados sem purificação adicional, exceto quando indicado em contrário, fornecidos pela Energy, Alfa Aesar, Sinopharm Chemical Reagent Co. e Sigma-Aldrich. A purificação de todos os produtos foi efectuada por cromatografia em coluna de gravidade, utilizando gel de sílica (200-300 mesh). O polietilenoglicol (PEG: Mn = 1000) foi seco a 70 C sob vácuo durante 1 hora antes de ser utilizado. O diisocianato de hexametileno (HDI) e o pentaeritritol foram também secos sob vácuo durante 1 hora antes de serem utilizados. A dimetilformamida anidra (DMF) foi obtida a partir de um sistema de destilação anidra (SDS). Todas as reacções foram realizadas sob atmosfera de N2, salvo indicação em contrário, e todo o material de vidro foi seco sob vácuo antes de ser utilizado.
O 2-Cl-4-diol-HABI foi sintetizado de forma semelhante ao nosso relatório anterior
sem modificações. A síntese do composto alvo 2-Cl-4-diol-HABI é baseada em alguns métodos sintéticos relatados em trabalhos anteriores relacionados.
A estrutura química e as rotas sintéticas dos géis de PU com ligações cruzadas covalentes duplas dinâmicas com diferentes proporções molares de 2-Cl-4-diol-HABI para pentaeritritol (2 : 5, 4 : 3, 5 : 2, 6 : 1, 13 : 1 e 27 : 1) foram apresentadas no Esquema 4-1. As etapas sintéticas detalhadas são as seguintes:

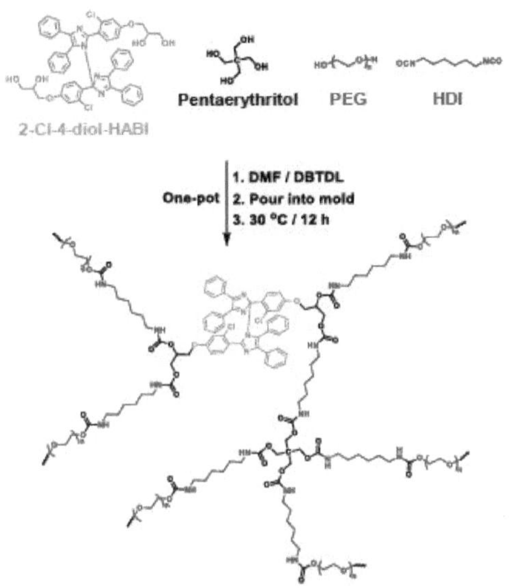

Esquema 4-1 A estrutura química e as vias de síntese do gel de PU com dupla ligação cruzada.

(1) proporção de 2-Cl-4-diol-HABI para pentaeritritol: Num ambiente de baixa humidade, polietilenoglicol (PEG1000) (1,1 g, 1,064 mmol, 28 equiv), HABI funcionalizado com tetra-hidroxi (2-Cl-4-diol-HABI) (192 mg, 0,228 mmol, 6 equiv), pentaeritritol (5.2 mg, 0,038 mmol, 1 equiv) e o catalisador de dilaurato de di-n-butilestanho (DBTDL) (8 mg, 0,013 mmol, 0,35 equiv) foram dissolvidos em 1,5 ml de N,N-Dimetilformamida (DMF) anidra para formar uma solução mista. A solução mista acima referida foi agitada à temperatura ambiente durante 30 minutos. O diisocianato de hexametileno (HDI) (330 mg, 1,976 mmol, 52 equiv) foi então adicionado gota a gota à solução mista acima referida. Em seguida, a mistura foi agitada à temperatura ambiente sob vácuo durante 5 minutos e vertida para um molde de vidro de quartzo. O molde foi mantido numa estufa com purga de N_2 a 30 C durante 12 h. Finalmente, as amostras de gel orgânico preparadas com DMF foram retiradas do molde, colocadas numa estufa de vácuo e secas a 70 C durante 12 h para obter as amostras de gel seco sem solvente, que foram mantidas em condições ambientais
durante 6 horas antes do ensaio. É utilizado para experiências de inchamento foto-induzido e deformação anisotrópica sob irradiação de 405 nm. As rotas sintéticas acima indicadas para preparar o gel quando a razão molar de 2-Cl-4-diol-HABI para pentaeritritol é 6:1. Vários outros espécimes de gel com diferentes proporções molares de 2-Cl-4-diol-HABI para pentaeritritol (2 : 5, 4 : 3, 5 : 2, 13 : 1 e 27 : 1) foram preparados alterando a quantidade molar de reagentes de 2-Cl-4-diol-HABI e pentaeritritol.

(2) Síntese do gel com a razão molar 27:1 de 2-Cl-4-diol-HABI para pentaeritritol: Em ambiente de baixa humidade, polietilenoglicol (PEG1000) (1,1 g, 1,064 mmol, 112 equiv), HABI funcionalizado com tetra-hidroxi (2-Cl-4-diol-HABI) (216 mg, 0,257 mmol, 27 equiv), pentaeritritol (1.3 mg, 0,0095 mmol, 1 equiv) e o catalisador de dilaurato de di-n-butilestanho (DBTDL) (8 mg, 0,013 mmol, 1,4 equiv) foram dissolvidos em 1,5 ml de N,N-Dimetilformamida (DMF) anidra para formar uma solução mista. A solução mista acima referida foi agitada à temperatura ambiente durante 30 minutos. O diisocianato de

hexametileno (HDI) (330 mg, 1,976 mmol, 208 equiv) foi então adicionado gota a gota à solução mista acima referida. Em seguida, a mistura foi agitada à temperatura ambiente sob vácuo durante 5 minutos e vertida para um molde de vidro de quartzo. O molde foi mantido numa estufa com purga de N_2 a 30 C durante 12 h. Finalmente, as amostras de gel orgânico preparadas com DMF foram retiradas do molde, colocadas numa estufa de vácuo e secas a 70 C durante 12 h para obter as amostras de gel seco sem solvente, que foram mantidas em condições ambientais durante 6 horas antes do ensaio. É utilizado para experiências de inchamento foto-induzido sob irradiação de 405 nm.

(3) Síntese do gel com a razão molar 13:1 de 2-Cl-4-diol-HABI para pentaeritritol: Num ambiente de baixa humidade, polietilenoglicol (PEG1000) (1,1 g, 1,064 mmol, 56 equiv), HABI funcionalizado com tetrahidroxi (2-Cl-4-diol-HABI) (208 mg, 0,247 mmol, 13 equiv), pentaeritritol (2.6 mg, 0,019 mmol, 1 equiv) e o catalisador de dilaurato de di-n-butilestanho (DBTDL) (8 mg, 0,013 mmol, 0,7 equiv) foram dissolvidos em 1,5 ml de N,N-Dimetilformamida (DMF) anidra para formar uma solução mista. A solução mista acima referida foi agitada à temperatura ambiente durante 30 minutos. O diisocianato de hexametileno (HDI) (330 mg, 1,976 mmol, 104 equiv) foi então adicionado gota a gota à solução mista acima referida. Em seguida, a mistura foi agitada à temperatura ambiente sob vácuo durante 5 minutos e vertida para um molde de vidro de quartzo. O molde foi mantido numa estufa com purga de N_2 a 30 C durante 12 h. Finalmente, as amostras de gel orgânico preparadas com DMF foram retiradas do molde, colocadas numa estufa de vácuo e secas a 70 C durante 12 h para obter as amostras de gel seco sem solventes, que foram mantidas em condições ambientais durante 6 horas antes do ensaio. É utilizado para experiências de inchamento foto-induzido sob irradiação de 405 nm.

(4) Síntese do gel com a razão molar 5:2 de 2-Cl-4-diol-HABI para pentaeritritol: Num ambiente de baixa humidade, polietilenoglicol (PEG1000) (1,1 g, 1,064 mmol, 28 equiv), HABI funcionalizado com tetrahidroxi (2-Cl-4-diol-HABI) (160 mg, 0,19 mmol, 5 equiv), pentaeritritol (10.3 mg, 0,076 mmol, 2 equiv) e o catalisador de dilaurato de di-n-butilestanho (DBTDL) (8 mg, 0,013 mmol, 0,35 equiv) foram dissolvidos em 1,5 ml de N,N-Dimetilformamida (DMF) anidra para formar uma solução mista. A solução mista acima referida foi agitada à temperatura ambiente durante 30 minutos. O diisocianato de hexametileno (HDI) (330 mg, 1,976 mmol, 52 equiv) foi então adicionado gota a gota à solução mista acima referida. Em seguida, a mistura foi agitada à temperatura ambiente sob vácuo durante 5 minutos e vertida para um molde de vidro de quartzo. O molde foi mantido num forno purgado com N_2 a 30 C durante 12 h. Finalmente, as amostras de gel orgânico preparadas com DMF foram retiradas do molde, colocadas num forno de vácuo e secas a 70 C durante 12 h para obter as amostras de gel seco sem solventes, que foram mantidas em condições ambientais durante 6 horas antes do ensaio. É utilizado para experiências de inchamento foto-induzido sob irradiação de 405 nm.

(5) Síntese do gel com a razão molar 4:3 de 2-Cl-4-diol-HABI para pentaeritritol: Num ambiente de baixa humidade, polietilenoglicol (PEG1000) (1,1 g, 1,064 mmol, 28 equiv), HABI funcionalizado com tetrahidroxi (2-Cl-4-diol-HABI) (128 mg, 0,152 mmol, 4 equiv), pentaeritritol (15.6 mg, 0,114 mmol, 3 equiv) e o catalisador de dilaurato de di-n-butilestanho (DBTDL) (8 mg, 0,013 mmol, 0,35 equiv) foram dissolvidos em 1,5 ml de N,N-Dimetilformamida (DMF) anidra para formar uma solução mista. A solução mista acima referida foi agitada à temperatura ambiente durante 30 minutos. O diisocianato de hexametileno (HDI) (330 mg, 1,976 mmol, 52 equiv) foi então adicionado gota a gota à

solução mista acima referida. Em seguida, a mistura foi agitada à temperatura ambiente sob vácuo durante 5 minutos e vertida para um molde de vidro de quartzo. O molde foi mantido num forno purgado com N_2 a 30 C durante 12 h. Finalmente, as amostras de gel orgânico preparadas com DMF foram retiradas do molde, colocadas num forno de vácuo e secas a 70 C durante 12 h para obter as amostras de gel seco sem solventes, que foram mantidas em condições ambientais durante 6 horas antes do ensaio. É utilizado para experiências de inchamento foto-induzido sob irradiação de 405 nm.

(6) Síntese do gel com a razão molar 2:5 de 2-Cl-4-diol-HABI para pentaeritritol: Em ambiente de baixa humidade, polietilenoglicol (PEG_{1000}) (1,1 g, 1,064 mmol, 28 equiv), HABI funcionalizado com tetrahidroxi (2-Cl-4-diol-HABI) (64 mg, 0,076 mmol, 2 equiv), pentaeritritol (26 mg, 0.19 mmol, 5 equiv) e o catalisador dilaurato de di-n-butilestanho (DBTDL) (8 mg, 0,013 mmol, 0,35 equiv) foram dissolvidos em 1,5 ml de N,N-Dimetilformamida (DMF) anidra para formar uma solução mista. A solução mista acima referida foi agitada à temperatura ambiente durante 30 minutos. O diisocianato de hexametileno (HDI) (330 mg, 1,976 mmol, 52 equiv) foi então adicionado gota a gota à solução mista acima referida. Em seguida, a mistura foi agitada à temperatura ambiente sob vácuo durante 5 minutos e vertida para um molde de vidro de quartzo. O molde foi mantido num forno purgado com N_2 a 30 C durante 12 h. Finalmente, as amostras de gel orgânico preparadas com DMF foram retiradas do molde, colocadas num forno de vácuo e secas a 70 C durante 12 h para obter as amostras de gel seco sem solventes, que foram mantidas em condições ambientais durante 6 horas antes do ensaio. É utilizado para experiências de inchamento foto-induzido sob irradiação de 405 nm.

(7) Síntese do gel apenas com ligações cruzadas de pentaeritritol (amostra de controlo): Num ambiente de baixa humidade, o polietilenoglicol (PEG_{1000}) (1,1 g, 1,064 mmol, 28 equiv), o pentaeritritol (36,2 mg, 0,266 mmol, 7 equiv) e o catalisador dilaurato de di-n-butilestanho (DBTDL) (8 mg, 0,013 mmol, 0,35 equiv) foram dissolvidos em 1,5 ml de N,N-Dimetilformamida (DMF) anidra para formar uma solução mista. A solução mista acima referida foi agitada à temperatura ambiente durante 30 minutos. Diisocianato de hexametileno (HDI)

(330 mg, 1,976 mmol, 52 equiv) foi então adicionado gota a gota à solução acima misturada. Em seguida, a mistura foi agitada à temperatura ambiente sob vácuo durante 5 minutos e vertida para um molde de vidro de quartzo. O molde foi mantido num forno purgado com N_2 a 30 C durante 12 h. Finalmente, as amostras de gel orgânico preparadas com DMF foram retiradas do molde, colocadas num forno de vácuo e secas a 70 C durante 12 h para obter as amostras de gel seco sem solventes, que foram mantidas em condições ambientais durante 6 horas antes do ensaio. É utilizado para experiências de inchamento foto-induzido sob irradiação de 405 nm.

4.2.2 Instrumentação

As medições de absorvância UV-visível e os dados de transmitância foram obtidos utilizando um espetrofotómetro UV-Visível (UV-3600) da Shimadzu entre 400 e 800 nm. As imagens ópticas foram captadas com uma câmara digital Single Lens Reflex (NIKON D90). Os espectros de infravermelhos com transformada de Fourier (FTIR) foram registados com VERTEX 70. As medições de tensão-deformação, os testes de carga-descarga de 50% de deformação a 100% de deformação e as medições do ciclo de estiramento-relaxamento sob diferentes deformações foram efectuadas num sistema Instron E1000 (EHF-UV100k2-040-1A) da Shimadzu. A irradiação a 405 nm foi efectuada com um laser (100 mW/cm^2).

4.3 Resultados e discussão

Os géis de PU de dupla ligação cruzada foram sintetizados a partir da copolimerização de polietilenoglicol (PEG1000), diisocianato de hexametileno (HDI), pentaeritritol e reticulante tetra-hidroxi funcionalizado HABI (2-Cl-4-diol-HABI), catalisador de dilaurato de di-n-butilestanho (Fig. 4-1b) em dimetilformamida anidra (DMF). Os géis preparados foram secos no vácuo a 70 C para remover completamente o DMF e obter xerogel (Informação de apoio). Os espectros de infravermelhos com transformada de Fourier (FTIR) foram utilizados para detetar a extensão da reação de polimerização. Observou-se que o pico correspondente à vibração de estiramento N=C=O a 2273,9 cm^{-1} do HDI se desloca para 1715,5 cm^{-1} (C=O) do xerogel de polímero após a polimerização (Fig. 4-2). Isto sugere que os monómeros de diisocianato foram convertidos em ligações de uretano em alta conversão. O PEG foi escolhido como a espinha dorsal da cadeia principal polimérica em redes de gel devido à elevada solubilidade em água do PEG [56].

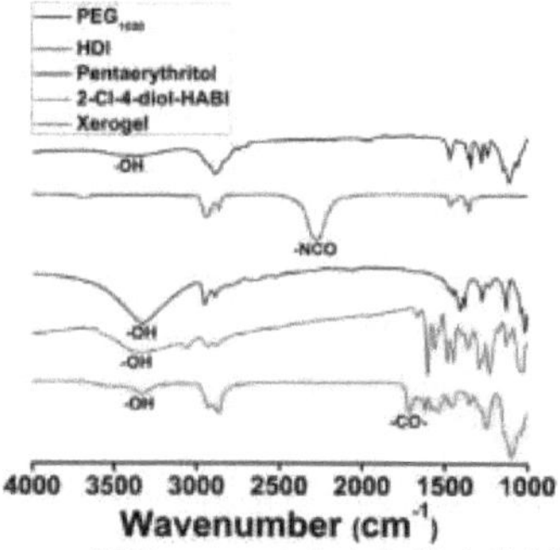

Fig. 4-2 Espectros de FTIR de PEG1000, HDI, pentaeritritol, 2-Cl-4-diol-HABI e do xerogel de PU pristino com dupla ligação covalente dinâmica. O pico correspondente à vibração de estiramento N=C=O a 2273,9 cm^{-1} do HDI deslocou-se para 1715,5 cm^{-1} (C=O) do xerogel após a polimerização, sugerindo que os monómeros de diisocianato foram totalmente convertidos em ligações de uretano.

Em trabalhos anteriores, o nosso grupo sintetizou elastómeros de poliuretano fotoplástico (PPU) sem solventes contendo 2-Cl-4-diol-HABI e confirmou a elevada sensibilidade do 2-Cl-4-diol-HABI à irradiação de 405 nm [57]. No entanto, os PPU só podiam sofrer uma deformação fotoplástica simples quando carregavam um determinado peso no ar. Neste caso, após a irradiação da luz, a unidade fotocrómica HABI sofre uma clivagem única da ligação C-N e dissocia-se em dois radicais trifenilimidozole separados (TPIRs) (Fig. 4-1a) [58, 59], causando a diminuição da densidade total de ligações cruzadas dos hidrogéis de polímero. Os espectros EPR antes e depois da irradiação demonstram diretamente a clivagem da ligação dinâmica C-N nas unidades HABI para TPIRs gerais em materiais de hidrogel de PU (Fig. 4-3). O *tensor g* foi medido como sendo 2,003, correspondendo exatamente aos valores relatados para TPIRs [60, 61]. Foi consistente com o resultado EPR do monómero 2-Cl-4-diol-HABI em solução THF que responde à irradiação de luz, demonstrando mais uma vez a formação de TPIRs em polímeros HABI-PU. Por conseguinte, a dilatação/expansão foto-induzida ocorre apenas na face fototrópica, enquanto o volume da face sombreada permanece constante, pelo que a diferença de tensão de dilatação entre as áreas expostas e não expostas cria os comportamentos de flexão (Fig. 4-1c). Para os géis com espessuras milimétricas, vale a pena notar que o coeficiente de extinção das moléculas HABI a 405 nm é de aproximadamente 0,6 x 104 L mol^{-1} cm^{-1} . Calcula-se que a camada exposta com uma espessura de cerca de 33 ^m absorve mais de 99% da luz incidente [57]. Por conseguinte, a face fototrópica dos hidrogéis absorve preferencialmente a energia da luz mais do que a face de sombra, causando um rácio de dilatação muito mais elevado do que a face de sombra.

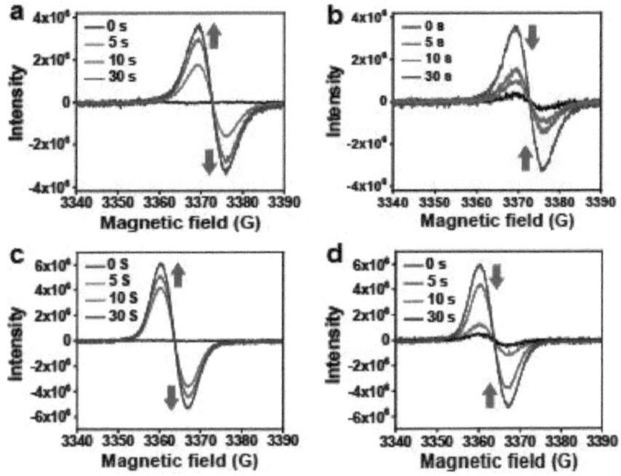

Fig. 4-3 Alterações do espetro EPR foto-induzidas dos materiais 2-Cl-4-diol-HABI e hidrogel de PU. Alterações do espetro EPR foto-induzidas de 2-Cl-4-diol-HABI em solução de THF (0,01 mol/L) e (c) hidrogel de PU após irradiação de 405 nm (100 mW/cm^2). Processo de desvanecimento espontâneo dos espectros EPR de (b) 2-Cl-4-diol-HABI em solução de THF e (d) hidrogel de PU após remoção da irradiação de 405 nm.

O inchaço por fototaxia dos hidrogéis de PU constitui o mecanismo fundamental para as deformações anisotrópicas. Devido à dissociação das unidades HABI nos géis poliméricos, é visível a olho nu que o processo de resposta à luz dos géis de PU nos estados seco e húmido é acompanhado de fotocromismo (Fig. 4-4 e Fig. 4-5a). O processo de fotocromismo pode ser realizado de forma reversível mais de oito vezes sem deterioração observável, demonstrando que a reatividade à luz dos hidrogéis de PU possui uma elevada resistência à fadiga e reversibilidade (Fig. 4-5b). Outra consideração importante é a possibilidade de reutilização. As redes permanentemente reticuladas à base de pentaeritritol podem manter as estruturas fundamentais da rede e permitir que os materiais mantenham uma resistência suficiente após os pontos dinâmicos de reticulação HABI se dissociarem em resposta à luz.

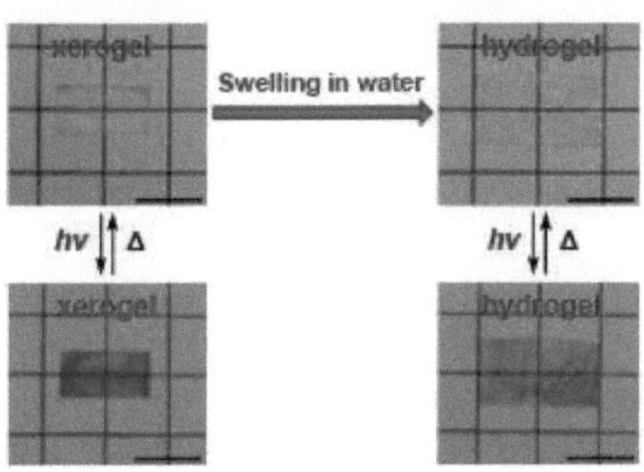

Fig. 4-4 O fenómeno de fotocromismo do xerogel e do hidrogel pristinos. Após cessar a iluminação de 405 nm, a cor dos materiais de gel de PU regressa espontaneamente ao amarelo claro inicial em

poucos segundos, devido à reabilitação espontânea dos TPIR à temperatura ambiente (Fig. 4-1a). A grelha quadrada na Fig. 4-4 tem um comprimento lateral de 1 cm. Barras de escala, 1 cm.

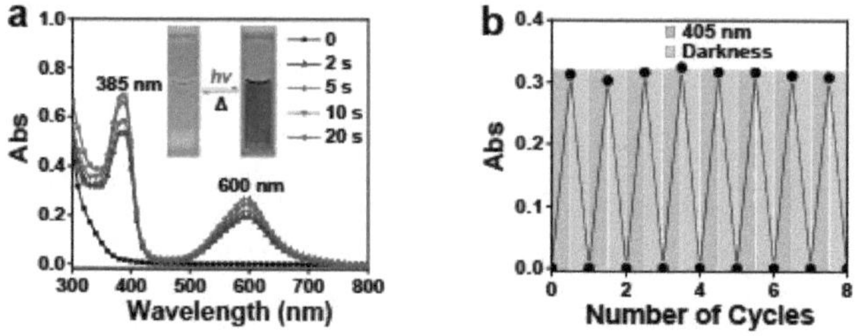

Fig. 4-5 Propriedades ópticas do 2-Cl-4-diol-HABI em solução de tetra-hidrofurano. (a) Espectros UV-vis em solução após vários tempos de irradiação de 405 nm. A figura em (a) mostra a fotografia do 2-Cl-4-diol-HABI antes e depois da irradiação de 405 nm. (b) O processo de fotocromismo dos hidrogéis pode ser efectuado de forma reversível mais de oito vezes. Após irradiação a 405 nm durante 10 s, a densidade ótica aumenta rapidamente devido à dissociação fotoinduzida de HABI em TPIRs (área cor-de-rosa na Fig. 4-5b). Depois de cessar a luz, a densidade ótica diminui para o estado inicial devido à reabilitação espontânea de TPIRs (área ciano na Fig. 4-5b). A densidade de potência da irradiação de 405 nm utilizada nas experiências acima referidas é de 5 mW/cm .^{2}

Para elucidar quantitativamente os comportamentos de inchaço induzidos pela fotografia subaquática, foram investigados os comportamentos de inchaço de quatro xerogéis de PU com as diferentes proporções molares de 2-Cl-4-diol-HABI para pentaeritritol (2 : 5, 4 : 3, 5 : 2, 6 : 1, 13 : 1 e 27 : 1) em água à temperatura ambiente. Os xerogéis de PU com 0,4 mm de espessura foram preparados com uma densidade de reticulação total fixa. O grau de inchamento (Q) sem irradiação de luz é definido como o rácio da diferença de peso entre o inchamento e o xerogel pristino (W_s - W_d) e o do xerogel pristino (W_d), ou seja, Q = (W_s - W_d)/W_d. O grau de inchamento fotoinduzido (Q_{ps}) é definido como a razão entre a diferença de peso entre o inchamento secundário fotoinduzido e o primeiro inchamento de equilíbrio sem luz (W_{ps} - W_{max}) e o peso do xerogel puro, ou seja, Q_{ps} = (W_{ps} - W_{max})/W_d, em que W_d, W_s, W_{max} e W_{ps} são os pesos do gel seco original, do hidrogel húmido, do hidrogel húmido saturado antes do inchamento fotoinduzido e do hidrogel inchado fotoinduzido, respetivamente. Seis amostras de xerogel foram inchadas primeiro em solução aquosa até atingirem quase o mesmo valor máximo de grau de inchamento de equilíbrio Q (Q_{max}) (Fig. 4-1d), indicando que os hidrogéis de PU com a mesma densidade de ligações cruzadas apresentam um comportamento de inchamento semelhante. Estes espécimes continuariam a expandir-se em água quando expostos a uma iluminação de 405 nm. A Fig. 4-1e mostra que os graus de dilatação foto-induzidos Q_{ps} aumentaram com o tempo de irradiação e, finalmente, atingiram o patamar em 2 minutos. Os graus máximos de inchamento foto-induzido dos hidrogéis de PU aumentam com o aumento do teor de HABI. O maior Q_{ps} é de cerca de 3,01 para o hidrogel com a razão molar de 27 : 1 de 2-Cl-4-diol-HABI para pentaeritritol. Na dilatação inicial sem luz, quatro xerogéis de PU com graus de reticulação total idênticos são dilatados em água e os hidrogéis saturados finais têm um rácio de adsorção de água semelhante, cerca de 5,70 vezes superior ao dos xerogéis primitivos (Fig. 4-1d), que é independente do rácio molar de 2-Cl-4-diol-HABI para pentaeritritol. Após a irradiação da luz, os hidrogéis de PU saturados expandem-se ainda mais em água com a adsorção secundária máxima de água como 3,01, 2,88, 2,68, 2,25, 1,84 e 1,02 vezes de xerogéis pristinos, respetivamente (Fig. 4-1e). O conteúdo de HABIs como unidades de reticulação covalente dinâmica determina diretamente o grau de fotorresponsividade. Um grau mais elevado de ligações cruzadas covalentes dinâmicas nos hidrogéis de PU é mais propício a transformações subaquáticas foto-induzidas. Além disso, a amostra de controlo (apenas com ligações de reticulação de pentaeritritol) que atingiu o estado de equilíbrio de inchaço com um grau de inchaço máximo de Q_{max} em água não continuou a expandir-se em água quando exposta a iluminação de 405 nm (Fig. 4-6), indicando que o inchaço secundário foto-induzido provém de unidades HABI de reticulação covalente dinâmica.

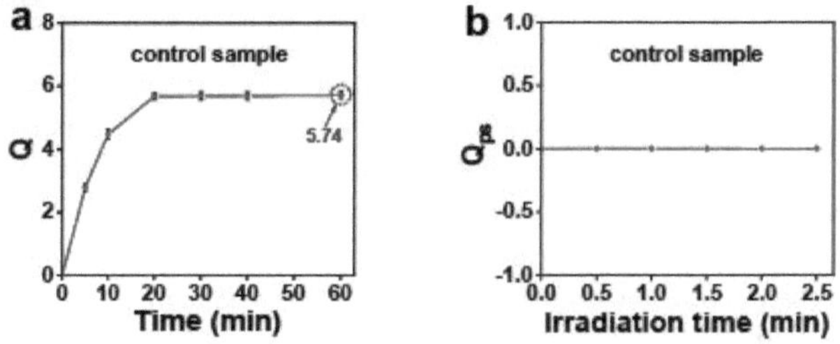

Fig. 4-6 Comportamentos de dilatação da amostra de controlo do hidrogel de PU. (a) Comportamento de inchamento da amostra de controlo de xerogel de PU em água sem irradiação. Finalmente, é atingido o equilíbrio de dilatação com o grau máximo de dilatação Q_{max}. Na amostra de controlo de hidrogel de PU, o reticulante dinâmico 2-Cl- 4-diol-HABI foi completamente substituído pelo reticulante permanente pentaeritritol. A espessura da amostra de controlo do xerogel original é de 0,4 mm. (b) Comportamento de inchamento secundário foto-induzido após irradiação de 405 nm da amostra de controlo de xerogel de PU que tinha atingido o Q_{max} em água. Barras de erro, desvio padrão para 3 medições. A densidade de potência do laser de 405 nm utilizado nas experiências de inchamento secundário fotoinduzido é de 100 mW/cm .[2]

A amostra de controlo inchou primeiro em solução aquosa até atingir um estado de equilíbrio de inchamento com um grau de inchamento máximo de Q_{max} (Fig. 4-6a). O hidrogel saturado final adsorveu água com um peso cerca de 5,74 vezes superior ao dos xerogéis pristinos, o que é semelhante ao comportamento de dilatação do hidrogel de PU com ligações HABI (Fig. 4-1d) sem irradiação de 405 nm, indicando que a amostra de controlo tem essencialmente a mesma densidade de ligações cruzadas que a amostra de hidrogel de PU com unidades HABI. A amostra de controlo que tinha atingido o Q_{max} em água não se alterou mais em água quando exposta à irradiação de 405 nm (Fig. 4-6b), enquanto a amostra de hidrogel de PU com unidades HABI pôde continuar a expandir-se sob irradiação de 405 nm (Fig. 4-1e). Isto indica que o inchaço secundário foto-induzido provém de unidades HABI de ligação cruzada covalente dinâmica em materiais poliméricos de hidrogel.

Esquema 4-2 Diagrama esquemático dos processos de recuo ou reativação do hidrogel de PU que sofreu um inchaço secundário foto-induzido antes da reciclagem. Os xerogéis recuperados finalmente

obtidos são colocados num ambiente escuro para permitir uma recuperação suficiente antes da utilização seguinte.

É de salientar a necessidade de ter em conta o desempenho mecânico dos hidrogéis. Um grau de reticulação permanente demasiado baixo provocaria a diminuição da resistência mecânica. Por conseguinte, existe uma relação de compromisso entre o grau de reticulação permanente e dinâmico das redes de hidrogéis de PU. A maioria dos grupos HABI nos hidrogéis decompõe-se em dois TPIR após a irradiação da luz, que são deslocados devido ao inchaço foto-induzido na água. Ao remover a luz, o TPIR deslocado recombina-se com outro TPIR numa nova posição para se adaptar espontaneamente à mudança de forma, resultando no enfraquecimento da resiliência e na subsequente atenuação da resistência mecânica. Para garantir uma maior eficiência de resposta e também restaurar a resistência mecânica inicial para uma reutilização fácil, os hidrogéis foto-induzidos foram tratados e reactivados através de secagem, iluminação a 405 nm seguida de manutenção no escuro (Esquema 4-2). Foram efectuados testes de tração para demonstrar a função do pentaeritritol na recuperação da resistência mecânica (Fig. 4-7). Seis grupos de tiras de hidrogel de PU (35 mm x 3 mm x 0,4 mm) com diferentes rácios molares de 2-Cl-4-diol-HABI para pentaeritritol (2 : 5, 4 : 3, 5 : 2, 6 : 1, 13 : 1 e 27 : 1) que atingiram previamente o Q_{max} em água, foram expostos a irradiação de 405 nm durante 2 min em água até atingirem o Q_{ps} em equilíbrio de inchamento secundário foto-induzido. Em primeiro lugar, estas amostras foram retiradas da solução aquosa e, em seguida, todas foram colocadas numa estufa de vácuo e secas durante 12 horas a 70 °C para remover completamente a água. Em segundo lugar, os espécimes de xerogel obtidos foram expostos a uma iluminação de 405 nm durante 5 min. Os TPIR reconfigurados/relocalizados resultantes dos pontos de reticulação HABI decompostos durante o processo de inchamento foto-induzido regressarão aos seus locais de ligação originais na direção da tensão interna de resiliência ou do efeito de memória proporcionado pela rede de reticulação fixa à base de pentaeritritol (Esquema 4-2). Comparando as curvas tensão-deformação do xerogel primitivo com uma razão molar de 13 : 1 de 2- Cl-4-diol-HABI para pentaeritritol e o seu xerogel recuperado através de ensaios de tração, observa-se que a tensão do xerogel original a 100% de deformação é de cerca de 0,99 Mpa (Fig. 4-7e), enquanto a do xerogel recuperado se torna 0,87 MPa após o inchaço foto-induzido e submetido ao recuo no Esquema 4-2. Para os materiais com uma razão molar de 27 : 1 de 2-Cl-4-diol-HABI para pentaeritritol, a tensão do xerogel original a 100 % de deformação é de cerca de 0,98 Mpa (Fig. 4-7f), e a do xerogel recuperado torna-se 0,79 MPa após o inchaço foto-induzido e submetido ao recuo no Esquema 4-2, indicando a resistência mecânica dos materiais de xerogel recuperado com 13 : 1 e 27 : 1 de 2-Cl-4-diol-HABI para pentaeritritol não pode ser totalmente recuperada. Por outras palavras, o efeito de memória ou a tensão interna proporcionada pelas redes à base de pentaeritritol não podem proporcionar resistência suficiente para a recuperação dos estados iniciais das unidades HABI reorganizadas em géis poliméricos. Ou seja, considerando a capacidade de recuperação completa da resistência mecânica dos materiais de gel recuperados ou a reutilização/reciclagem, a razão molar não deve ser inferior a 6 : 1. Em termos de grau de resposta e reutilização, tanto as redes reticuladas dinâmicas como as fixas têm os seus próprios papéis importantes e são indispensáveis nos materiais de gel. Não só o desempenho das deformações foto-dirigidas, mas também a reutilização após as deformações devem ser tidos em consideração na conceção estrutural dos materiais de hidrogel. Assim, os sistemas de dupla ligação cruzada (2-Cl-4-diol-HABI e pentaeritritol) são introduzidos nos materiais.

Como o resultado mostrado na Fig. 4-7, em comparação com as amostras de gel com a razão molar 2 : 5, 4 : 3 e 5 : 2 de 2-Cl-4-diol-HABI para pentaeritritol, a amostra de gel com a razão molar 6 : 1 de 2-Cl-4- diol-HABI para pentaeritritol tem superioridade óbvia para o seu conteúdo mais elevado de unidades HABI dinâmicas e a recuperação quase completa da resistência mecânica do xerogel reciclado. Os resultados revelam que a razão molar óptima de 2-Cl-4-diol-HABI para pentaeritritol é de 6 : 1 (Fig. 4-7). Salvo indicação em contrário, os materiais com a razão molar óptima são utilizados nas experiências seguintes.

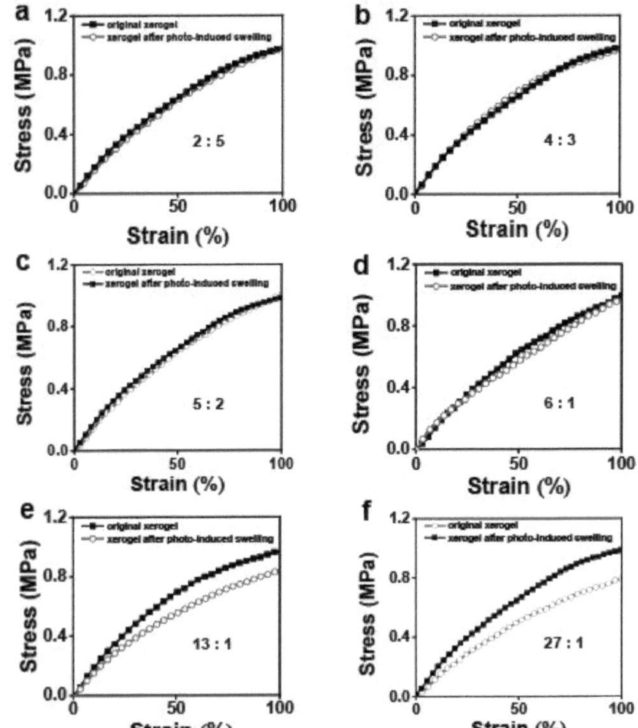

Fig. 4-7 O efeito do pentaeritritol na recuperação da resistência mecânica. (a) Para o gel com a razão molar 2 : 5 de 2-Cl-4-diol-HABI para pentaeritritol, foram efectuados ensaios de tração estática com 100% de deformação do xerogel original e dos seus xerogéis recuperados após o inchaço foto-induzido. (b) Para o gel com a razão molar 4 : 3 de 2-Cl-4-diol-HABI para pentaeritritol, foram efectuados ensaios de tração estática com 100 % de deformação do xerogel original e dos seus xerogéis recuperados após inchamento foto-induzido. (c) Para o gel com a razão molar 5 : 2 de 2-Cl-4-diol-HABI para pentaeritritol, foram realizados ensaios de tração estática com 100 % de deformação do xerogel original e dos seus xerogéis recuperados após inchamento foto-induzido. (d) Para o gel com a razão molar 6 : 1 de 2-Cl-4-diol-HABI para pentaeritritol, foram realizados ensaios de tração estática com 100 % de deformação do xerogel original e dos seus xerogéis recuperados após inchamento foto-induzido. (e) Para o gel com a razão molar 13 : 1 de 2-Cl-4-diol-HABI para pentaeritritol, foram efectuados ensaios de tração estática com 100 % de deformação do xerogel original e dos seus xerogéis recuperados após inchamento foto-induzido. (f) Para o gel com a razão molar 27 : 1 de 2-Cl-4-diol-HABI para pentaeritritol, foram efectuados ensaios de tração estática com 100% de deformação do xerogel original e dos seus xerogéis recuperados após inchamento foto-

induzido. A densidade de potência do laser de 405 nm utilizado nas experiências acima referidas é de 100 mW/cm^2.

Além disso, os géis podiam ainda expandir-se noutros solventes orgânicos antes e depois da irradiação de 405 nm (Fig. 4-8). O maior Q_{ps} foto-induzido (~ 9,4) em bons solventes (como o clorofórmio) é ainda maior do que em água (Fig. 4-8b), indicando que os actuadores de gel polimérico podem funcionar em diferentes ambientes.

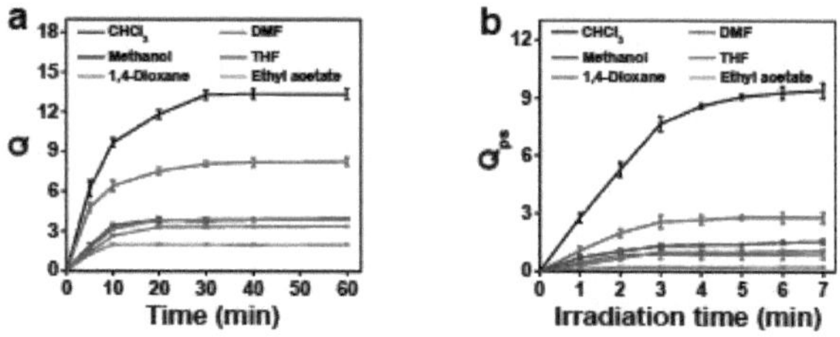

Fig. 4-8 Comportamentos de dilatação antes e depois da irradiação de 405 nm em vários solventes orgânicos selecionados. (a) Comportamentos de dilatação de amostras de gel com as proporções molares de 6 : 1 de 2-Cl-4-diol-HABI para pentaeritritol em vários solventes orgânicos selecionados sem irradiação, até ser finalmente atingido o equilíbrio de dilatação. Todas as espessuras das amostras de gel são de 0,4 mm. Barras de erro, desvio padrão para 3 medições. (b) Comportamentos de inchamento secundário foto-induzido dos géis orgânicos acima referidos que atingiram o valor Q de inchamento de equilíbrio máximo com o aumento do tempo de irradiação. Barras de erro, desvio padrão para 3 medições.

O hidrogel à base de HABI com 0,4 mm de espessura apresenta uma transmitância média de 92,44% na gama visível de 400 nm a 800 nm (Fig. 4-1f). A banda de absorção a 400-500 nm deve-se à absorção das moléculas HABI. A grande transparência do hidrogel de PU é melhor do que a dos hidrogéis com a capacidade de deformação relatada anteriormente [7, 9, 42]. Os comportamentos de flexão anisotrópica subaquática dos hidrogéis de PU com ligações cruzadas duplas são observados após iluminação a 405 nm (Fig. 4-1g). Inicialmente, a tira de xerogel de PU com dimensões de 35 mm x 3 mm x 0,4 mm foi imersa numa solução aquosa até o hidrogel atingir o seu Q_{max}. Posteriormente, o hidrogel de PU saturado em água dobrou-se para a esquerda quando o lado direito foi totalmente exposto à irradiação de 405 nm (estado I para estado II na Fig. 4-1g). O fenómeno experimental é consistente com o resultado previsto no mecanismo proposto (Fig. 4-1c). Posteriormente, irradiar o hidrogel dobrado da esquerda por cerca de 35 s endireitou a tira novamente (Estado II para o estado III na Fig. 4-1 g). A flexão foto-induzida da tira de hidrogel foi realizada duas vezes com repetibilidade fina (Fig. 4-1g).

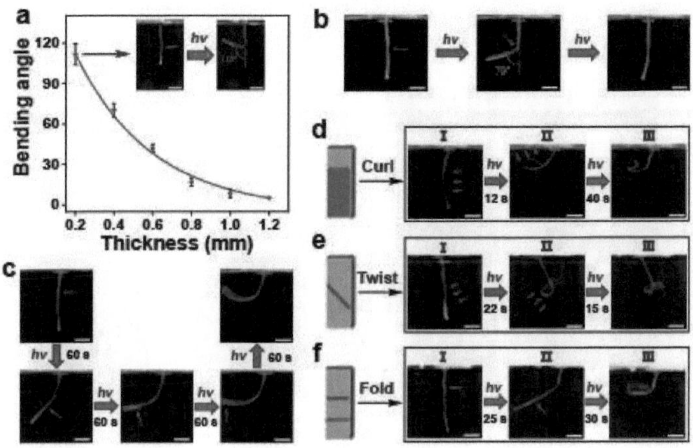

Fig. 4-9 Transformação subaquática múltipla fotomovida de hidrogéis de PU com ligações cruzadas duplas. (a) Gráficos do ângulo de flexão subaquática foto-dirigida em função da espessura dos xerogéis de PU iniciais. Detalhe: fotografia da flexão fotomecanizada do hidrogel de 0,2 mm de espessura após irradiação laser de 405 nm num ponto fixo. Barras de erro, desvio padrão para 3 medições. (b) Fotografias da flexão subaquática fotomovida e da recuperação reversível da tira de hidrogel de 0,4 mm de espessura sob irradiação laser de 405 nm num ponto fixo. (c) A tira de hidrogel subaquática de 0,4 mm de espessura com quatro pontos/linhas irradiados no mesmo lado direito deforma-se em forma de U maiúsculo. As setas vermelhas simples e sólidas indicam a irradiação laser num ponto fixo. (d) Fotografias da ondulação subaquática foto-dirigida de uma tira de hidrogel com 0,2 mm de espessura. (e) Fotografias da torção subaquática fotomecanizada de uma tira de hidrogel com 0,2 mm de espessura. (f) As fotografias da dobragem subaquática fotomecanizada de uma tira de hidrogel com 0,2 mm de espessura. O diagrama modelo à esquerda das fotografias representa os padrões de luz incidente ou as linhas irradiadas da superfície direita exposta; a cor vermelha indica as áreas expostas. Barras de escala, 1 cm. A densidade de potência do laser de 405 nm utilizado nas experiências acima referidas é de 100 mW/cm^2 .

Uma das maiores vantagens dos actuadores fotoquímicos é a localização espácio-temporal da irradiação da luz, ainda melhor do que os efeitos fototérmicos. Em resposta à irradiação laser de ponto fixo, foi investigado o efeito da espessura nos ângulos de flexão subaquática de géis de PU com ligações cruzadas duplas (Fig. 4-9a). Antes das experiências de flexão, os xerogéis preparados foram imersos em água para atingir o equilíbrio de dilatação. Concluiu-se que um gel mais fino provoca um efeito fotodinâmico muito melhor. Com uma espessura reduzida, a tira de hidrogel de PU (35 mm x 3 mm x 0,2 mm) apresentou uma velocidade de reação fotográfica mais rápida e conseguiu dobrar-se 115° após uma irradiação laser de 100 mW/cm^2 durante a mesma duração de irradiação (2 min) (Fig. 4-9a). Para além da rápida fotorresposta, o hidrogel também apresentou um movimento de flexão reversível. Foi possível obter um ângulo de flexão saturado de aproximadamente 70° ao irradiar o local fixo do hidrogel vertical de 0,4 mm de espessura a partir do seu lado direito (Fig. 4-9b). Posteriormente, a irradiação laser do ponto fixo a partir do lado esquerdo torna-o novamente reto.

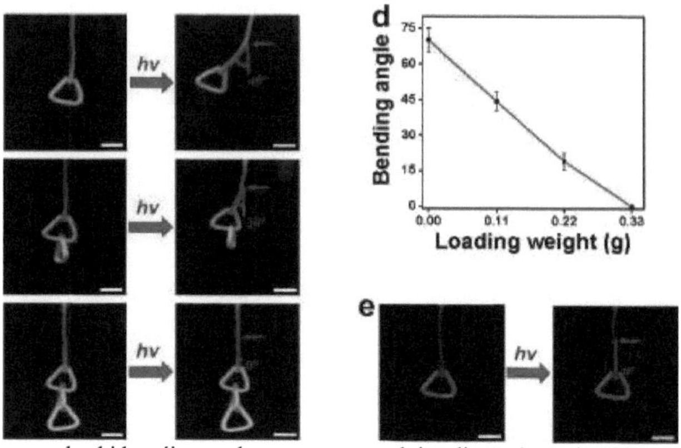

Fig. 4-10 O processo dos hidrogéis para levantar pesos sob irradiação laser de 405 nm num ponto fixo. (a) O ângulo de flexão é de cerca de 45° quando o peso de carga é de 110 mg. A espessura do hidrogel é de 0,4 mm. (b) O ângulo de flexão é de cerca de 20° quando o peso da carga é de 220 mg. A espessura do hidrogel é de 0,4 mm. (c) O ângulo de flexão é de cerca de 0° quando o peso da carga é de 330 mg. A espessura do hidrogel é de 0,4 mm. (d) O ângulo de flexão do hidrogel com 0,4 mm de espessura diminui à medida que o peso da carga aumenta após irradiação durante o mesmo tempo (2 min). (e) O ângulo de flexão é de 0° quando o peso da carga é de 110 mg. A espessura do hidrogel é de 0,2 mm. O peso de um cabo de plástico triangular é de 110 g. Barras de escala, 1 cm. A densidade de potência do laser de 405 nm utilizado nas experiências acima referidas é de 100 mW/cm .[2]

Curiosamente, as tiras de hidrogel com 0,4 mm de espessura conseguem levantar um determinado peso sob irradiação laser de 405 nm num ponto fixo (Fig. 4-10). O ângulo de flexão diminuiu à medida que o peso da carga aumentou após a irradiação durante o mesmo período de tempo (Fig. 4-10d). O ângulo de flexão é de cerca de 70° quando não há peso de carga (Fig. 4-10b), enquanto é de 45° quando o peso de carga é de 110 mg (Fig. 4-10a). Os ângulos de flexão foram reduzidos para 20° e 0° quando o peso da carga é de 220 mg e 330 mg, respetivamente (Fig. 4-10b e Fig. 4-10c). Ou seja, o ângulo de flexão diminui à medida que o peso da carga aumenta após a irradiação para o mesmo tempo de irradiação (2 min) (Fig. 4-10d). No entanto, a tira de hidrogel com 0,2 mm de espessura é demasiado macia para levantar pesos de 110 mg (Fig. 4-10e). Os resultados acima sugerem que os hidrogéis de PU com uma determinada espessura têm aplicações potenciais como conversor fotomecânico para músculos artificiais e robótica macia.

A forma múltipla desejada pode ser moldada por irradiações de ponto fixo em várias posições. Sob a irradiação do lado direito, a tira de hidrogel subaquática foi gradualmente moldada numa forma de U maiúsculo (Fig. 4-9c). Teoricamente, as transformações de configuração fotodinâmicas que podem ser obtidas a partir de uma peça de tira de hidrogel são infinitas. Ao modular a posição de varrimento do laser de 405 nm, os padrões de luz incidente programados espácio-temporalmente podem conduzir a uma série de actuações tridimensionais (3D) subaquáticas representativas, incluindo enrolamento, torção e dobragem. A Fig. 4-9d mostra que um hidrogel vertical na água (Estado I na Fig. 4-9d) enrola-se em direção ao lado sombreado (Estado II na Fig. 4-9d) quando o lado direito é exposto à luz de 405 nm durante 12 s. A irradiação sequencialmente deslocada aumentará o grau de enrolamento do hidrogel de PU (Estado III na Fig. 4-9d). Quando o laser varre a tira de hidrogel na diagonal, o comportamento subaquático foto-dirigido do hidrogel de PU é a torção helicoidal (Fig. 4-9e). Da mesma forma, prolongando o tempo de exposição, a torção é mais visível (Estado III na Fig. 4-9e). A programação espacial e temporal múltipla da irradiação de luz produziria o dobramento topológico das tiras de hidrogel (Fig. 4-9f). A dobragem do hidrogel foi observada após irradiação de 405 nm em dois locais selecionados (Estado III na Fig. 4-9f). O material acima usado para enrolar, torcer e dobrar é um espécime de tira de hidrogel, demonstrando a reutilização e a resistência à fadiga dos géis de PU baseados em HABI. Após os recuos e a reativação dos hidrogéis, as mesmas amostras que foram utilizadas como actuadores subaquáticos fotodinâmicos podem ser utilizadas nas experiências seguintes. Notamos que foram relatados actuadores de hidrogel polimérico que podem sofrer deformações 3D, que geralmente dependem de técnicas de foto-padronização para definir espacialmente as heterogeneidades do material durante o complicado procedimento de síntese [62, 63]. Em contraste, os hidrogéis de PU baseados em HABI podem realizar um controlo espacial e temporal preciso através da iluminação direta e flexível de luz visível durante os processos foto-dirigidos.

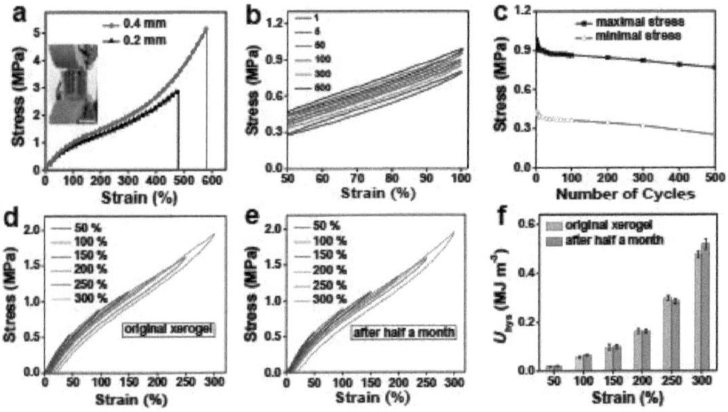

Fig. 4-11 Propriedades mecânicas e utilidade a longo prazo. (a) Curvas tensão-deformação de xerogéis pristinos de 0,4 mm e 0,2 mm de espessura. Inserção: fotografias do xerogel de PU com 0,4 mm de espessura durante o ensaio de tração, a amostra está na caixa tracejada vermelha. Barras de escala, 1 cm. (b) Curvas carga-descarga do xerogel puro de 0,4 mm de espessura entre 50% de deformação e 100% de deformação, obtidas a partir de 500 ciclos contínuos a 1 Hz. (c) A atenuação das tensões mínimas (50% de deformação) e máximas (100% de deformação) de xerogéis pristinos de 0,4 mm de espessura em 500 curvas de ciclos contínuos de carga-descarga. Note-se que, na figura, o fim da curva carga-descarga não indica a falha do espécime. (d) Curvas carga-descarga do xerogel pristino de 0,4 mm de espessura sob diferentes deformações (50%, 100%, 150%, 200%, 250% e 300%). (e) Curvas carga-descarga do xerogel pristino de 0,4 mm de espessura após ter sido colocado à temperatura ambiente durante meio mês sob diferentes deformações (50%, 100%, 150%, 200%, 250% e 300%). (f) A energia dissipada calculada (histerese, U_{hys}) do xerogel puro de 0,4 mm de espessura e do mesmo xerogel após ter sido colocado à temperatura ambiente durante meio mês durante os ensaios de carga-descarga. Barras de erro, desvio padrão para 3 medições.

Um dos principais desafios que restringe as aplicações generalizadas dos actuadores de hidrogel é o seu desempenho mecânico relativamente fraco [9]. A existência de redes duplas de PU com ligações cruzadas covalentes pode conferir propriedades físicas extraordinárias, incluindo grande resistência mecânica e tenacidade, excelente resistência à fadiga e utilidade repetível a longo prazo. A tensão e a deformação finais do xerogel pristino de 0,2 mm de

espessura na rutura são medidas em 2,88 MPa e 478%, com uma tenacidade de cerca de 7,11 MJ m^{3} . Em comparação, os valores correspondentes do xerogel pristino de 0,4 mm de espessura são 5,18 MPa e 579%, com uma tenacidade de cerca de 12,58 MJ m^{-3} (Fig. 4-11a). O módulo de elasticidade (E) foi calculado na gama linear inicial dentro de 50 % de deformação a partir das curvas tensão-deformação [64], que foi de 1,13 MPa e 1,26 MPa para 0,2 mm e 0,4 mm de espessura
xerogel, respetivamente. Os valores do módulo de elasticidade dos materiais de PU são comparáveis aos dos tecidos moles biológicos, como os músculos esqueléticos [65-67]. Para investigar a resistência à fadiga, o xerogel de 0,4 mm de espessura suportou 500 ciclos contínuos de fadiga de 50% de deformação a 100% de deformação com uma frequência de oscilação de 1 Hz (Fig. 4-11b). O resíduo insignificante de tensões durante todos os ciclos contínuos de estiramento-relaxamento demonstrou a boa estabilidade mecânica. As curvas de atenuação das tensões mínimas (a 50% de deformação) e máximas (a 100% de deformação) do xerogel de 0,4 mm de espessura são apresentadas na Fig. 4-11c. Após 500 ciclos contínuos, as tensões máximas mantiveram-se em cerca de 0,77 MPa (77,7% do primeiro ciclo), o que sugere uma elasticidade excecional.

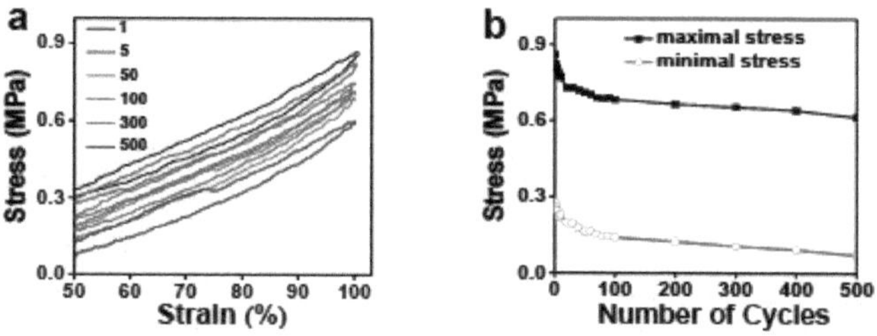

Fig. 4-12 Propriedades mecânicas dos xerogéis de 0,2 mm de espessura. (a) Curvas carga-descarga de 50 % de deformação a 100 % de deformação de xerogéis de 0,2 mm de espessura, obtidas a partir de 500 ciclos contínuos a 1 Hz. (b) A atenuação das tensões mínimas (50 % de deformação) e máximas (100 % de deformação) de xerogéis de 0,2 mm de espessura em 500 curvas de ciclos contínuos de carga-descarga. Note-se que, na figura, o fim da curva carga-descarga não indica a falha do espécime.

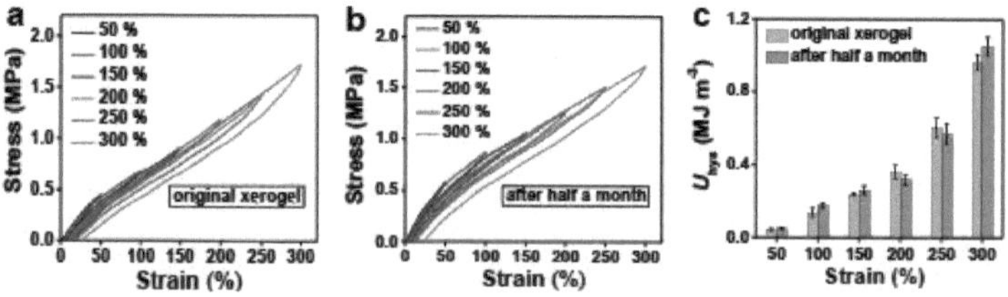

Fig. 4-13 Propriedades mecânicas dos xerogéis de 0,2 mm de espessura. (a) Curvas carga-descarga do xerogel original de 0,2 mm de espessura sob diferentes deformações (50 %, 100 %, 150 %, 200 %, 250 % e 300 %). (b) Curvas carga-descarga do xerogel original de 0,2 mm de espessura após ter sido colocado à temperatura ambiente durante meio mês sob diferentes deformações (50%, 100%, 150%, 200%, 250% e 300%). (c) A energia dissipada calculada (histerese, U_{hys}) do xerogel puro com 0,2 mm de espessura e do mesmo xerogel ensaiado após ter sido colocado durante meio mês nos ensaios de carga-descarga. Barras de erro, desvio padrão para 3 medições.

Tabela 4-1 Desempenho global de vários materiais de hidrogel selecionados.

Materiais de hidrogel	Velocidade de dobragem	Deformação da fratura	Ciclos de fadiga[a]	Módulo de Young	Reutilização[b]	Referências

Poli(ácido metacrílico-co-metacrilato de oligo(etilenoglicol)	15° / 10 min	353 %	-	3,67 MPa	>1	Angew. Chem. Int. Edit. 59 (2020) 70497056
a-ciclodextrina-polirotaxano	12° / 7 s	<60 %	-	25 KPa	-	J. Am. Chem. Soc. 140 (2018) 17308-17315
Anfifilo peptídico supramolecular polímeros	cerca de 45° / 16 min				>1	Nat. Mater. 19 (2020) 900
Óxido de poli(N-isopropilacrilami de)-grafeno	90° / 27 s	sobre 1000 %		24 KPa	>1	J. Mater. Chem. B 5 (2017) 79978003
Quitosana-poliacrilamida	-	sobre 410 %	>60	1,5 MPa	-	Adv. Mater. 30 (2018) 1707071
Alginato-poliacrilamida	-	2300 %	-	156 KPa	-	Nature 489 (2012) 133-136
Dodecilglicerilo itaconato-poliacrilamida	-	220 %	>5	600 KPa	-	Macromolécula s 44 (2011) 8916-8924
Poliuretano	**115° / 30 s**	**478 %**	**>500**	**1,13 MPa**	**>2**	**O nosso trabalho**

[a]A resistência à fadiga foi avaliada pelos ciclos de fadiga reais nestas referências e neste artigo.
[b]O número efetivo de reutilizações na referência e neste artigo.

Do mesmo modo, para o xerogel de 0,2 mm de espessura, as tensões máximas continuaram a ser superiores a 0,61 MPa (70,1% do primeiro ciclo) (Fig. 4-12). Os testes de carga-descarga das mesmas amostras de xerogel com 0,4 mm de espessura sob diferentes tensões foram medidos continuamente, o que revelou laços de histerese e tensão residual mínimos, mesmo sob 300% de tensão de estiramento (Fig. 4-11d), indicando ainda a boa estabilidade mecânica e a excelente capacidade de recuperação da forma. Foram obtidos resultados semelhantes para o xerogel com 0,2 mm de espessura (Fig. 4-13a). A amostra de PU com 0,4 mm de espessura foi colocada à temperatura ambiente durante meio mês e, em seguida, utilizada para os ensaios de carga-descarga novamente sem tempo de espera sob diferentes tensões. O xerogel de PU ainda reservava boas propriedades mecânicas após ter sido colocado durante um longo período de tempo (Fig. 4-11e). A área dos laços de histerese representa a dissipação de energia por unidade de volume aquando da deformação [64]. Com o aumento da deformação, a energia dissipada aumentou de 0,02 MJ m^{-3} a 50 % de deformação para 0,52 MJ m^{-3} a 300 % de deformação para xerogel de 0,4 mm de espessura (Fig. 4-11f). Verificou-se que as curvas carga-descarga mostraram poucas alterações em comparação com os primeiros ensaios. Ambas têm a mesma tendência de mudança da energia dissipada (Fig. 4-11f), verificando a utilidade a longo prazo. Este é o caso mesmo que a espessura seja reduzida para 0,2 mm (Fig. 4-13). Em comparação com os materiais de hidrogel anteriormente referidos, o hidrogel de PU tem uma velocidade rápida de locomoção foto-dirigida, assegurando simultaneamente o seu desempenho físico superior (como a resistência à fadiga e a reutilização) (Quadro 4-1).

De seguida, demonstramos o movimento subaquático fotomotor dos hidrogéis *através de* iluminação localizada. Os espécimes de hidrogel foram preparados e corados com Rodamina B para melhor observação a olho nu. A tira de hidrogel sem restrições arqueava-se como uma ponte na água quando exposta à irradiação da direção superior, o que é atribuído à expansão não homogénea dos lados superior e inferior da tira de hidrogel (Fig. 4-14a). Quando todo o lado superior ou inferior da tira de hidrogel foi exposto à irradiação de 405 nm, a tira de hidrogel não se moveu para a frente/para trás porque o baricentro da tira se manteve estacionário na horizontal. Inspirada na fluência do verme, a metade direita (Parte A) e a metade esquerda (Parte B) da tira de hidrogel sem restrições foram irradiadas sucessivamente. Quando a metade direita (Parte A) foi exposta a um laser de 405 nm a partir da direção superior, a parte superior da parte A absorveu mais água do que a parte inferior, fazendo com que a perna dianteira (Parte A) se dobrasse para baixo. Simultaneamente, o baricentro deslocou-se para a direita e, por conseguinte, a pata traseira (parte B) deslocou-se para a direita durante uma distância (cerca de 2 mm). Quando a metade esquerda (Parte B) foi iluminada, a pata traseira continuou a mover-se para a direita (Fig. 4-14b). O movimento fotomotor da tira de hidrogel funciona como o andar de uma minhoca comum. Para além do simples movimento subaquático, podem também ser adaptados robôs macios com múltiplas transformações de forma acionadas por fotografia. Fabricámos uma flor biomimética com quatro pétalas ovais para demonstrar as deformações localizadas acionadas por fotografia. Quatro pétalas ovais feitas de xerogéis com 0,4 mm de espessura foram irradiadas a partir de baixo e, posteriormente, a partir do lado superior. Supõe-se que a expansão anisotrópica foto-induzida do lado do hidrogel exposto ao laser de 405 nm conduziu ao fecho gradual (Fig. 4-14c) ou ao desabrochar (Fig. 4-14d) da pétala de hidrogel. A expansão foto-induzida de cada pétala de hidrogel no lado inferior levou ao fecho gradual dos actuadores de pétalas ovais ao longo do tempo (Fig. 4-14e1-e5). Do mesmo modo, o desabrochar gradual da flor de hidrogel podia ser desencadeado quando exposta à irradiação de luz do lado superior (Fig. 4-14e6-e10). Foram fabricadas rodas foto-acionadas que podiam sofrer movimentos contínuos com direção de rolamento ajustável. Uma tira de gel retangular com uma espessura de 0,4 mm foi ligada de ponta a ponta e curada de modo a formar uma roda redonda, que foi utilizada para exibir movimentos de rolamento foto-acionados. Após irradiação de 405 nm a partir da direita, o hidrogel em forma de roda rola continuamente para a direita durante cerca de 2,5 mm (Fig. 4-14f). Conforme esquematizado, o inchaço anisotrópico e a flexão do hidrogel fazem com que a curvatura da roda no lado fototrópico aumente. Propõe-se que a face exterior do lado direito da roda de hidrogel absorva mais irradiação de 405 nm e mais água do que a face interior, o que constitui a expansão não uniforme entre a face exterior e a face interior do lado direito da roda de hidrogel. Esta expansão não uniforme provoca uma maior flexão e o subsequente aumento da curvatura. Entretanto, o teor de água do lado direito da roda de hidrogel mostra a tendência para aumentar sob irradiação contínua, enquanto o lado esquerdo sem exposição à luz permanece inalterado. O centro de gravidade desloca-se para a direita devido à alteração da curvatura e à expansão assimétrica entre o lado esquerdo e o lado direito do hidrogel, resultando no binário que faz a roda rolar em direção à fonte de luz numa superfície de vidro lisa (Fig. 4-14g). É de notar que a área de contacto entre a roda de hidrogel e a superfície de vidro se tornaria maior, devido ao aumento da curvatura do lado fototrópico durante o processo de rolamento, aumentando assim a resistência ao movimento, o que não é propício ao rolamento contínuo. O hidrogel em forma de roda que rola para a direita também rola para trás quando o lado esquerdo é irradiado.

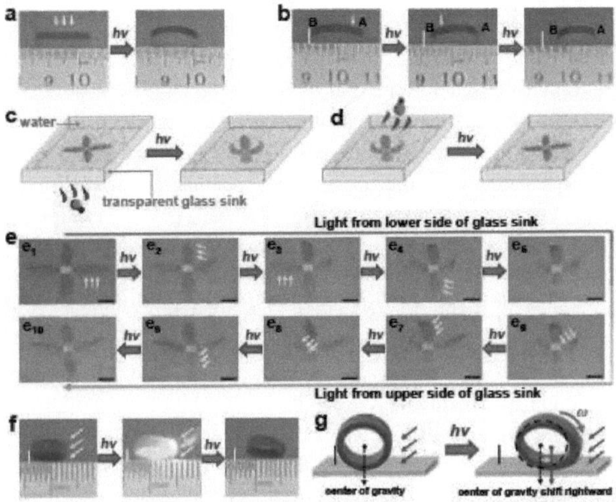

Fig. 4-14 Movimento biomimético subaquático. (a) Uma tira de hidrogel de PU sem restrições, feita de xerogéis com 0,4 mm de espessura, forma um arco como uma ponte na água quando exposta a irradiação da direção superior. (b) Fluência foto-dirigida do hidrogel em água, actuando como o movimento do verme da polegada. (c) Esquema do fecho foto-dirigido de uma flor biomimética. Irradiação da luz a partir do lado inferior da pia de vidro. (d) Esquema do florescimento foto-dirigido da flor biomimética. Irradiação da luz a partir do lado superior do recipiente de vidro. (e) Fotografias do fecho foto-dirigido localizado e do desabrochar da flor biomimética feita a partir de materiais de gel pristinosos com 0,4 mm de espessura. (f) Fotografia do enrolamento para a frente foto-dirigido. Uma tira retangular de gel de PU com 0,4 mm de espessura foi unida de ponta a ponta para formar uma roda. (g) Esquema mostrando que o centro de gravidade da roda se desloca para a direita devido à irradiação de 405 nm do lado direito, induzindo o movimento fototáxico da roda para a direita. A densidade de potência do laser de 405 nm utilizado nas experiências acima referidas é de 100 mW/cm^2.

4.4 Conclusão

Em suma, relatámos uma nova classe de actuadores biomiméticos subaquáticos movidos a luz visível através de uma copolimerização simples, que fornece uma nova estratégia para o desenvolvimento futuro de sistemas complexos de deformação movidos a luz visível que respondem a luzes visíveis de maior comprimento de onda, embora a irradiação de 405 nm esteja no limite do espetro visível. A introdução de ligações covalentes duplas dinâmicas e estáticas nas redes de PU promove efetivamente a estabilidade mecânica, a utilidade repetida dos xerogéis de PU e uma resistência mecânica proeminente. Como material funcional flexível, os hidrogéis de PU atingem transformações fotomecânicas macroscópicas utilizando a clivagem da ligação C-N em unidades HABI dinâmicas a nível molecular (também à escala nanométrica). Trata-se de um exemplo empolgante do movimento subaquático foto-dirigido baseado em hidrogéis poliméricos integrados com porções HABI foto-responsivas. As unidades de reticulação HABI nos géis de polímero permitem a rápida clivagem dos pontos de reticulação após a irradiação de luz visível, resultando no inchaço foto-induzido dos hidrogéis de polímero para um novo equilíbrio, enquanto as redes de reticulação permanente à base de pentaeritritol conferem aos materiais a possibilidade de reutilização/reciclagem. Demonstramos as transformações anisotrópicas biomiméticas subaquáticas induzidas pela luz visível após a programação espácio-temporal da irradiação da luz. A introdução de moléculas HABI funcionalizadas inovadoras será promissora para resolver a limitação crítica da velocidade de condução lenta, morfologias de transformação finitas e processo de programação complicado em actuadores de hidrogel subaquáticos tradicionais, que creditam a velocidade de resposta rápida das moléculas HABI à luz visível e espera-se que promovam aplicações práticas de hidrogéis em vários campos. O desenvolvimento de hidrogéis poliméricos à base de HABI é provavelmente um pequeno passo em direção a novos actuadores subaquáticos foto-controláveis, mas abre uma nova janela para a obtenção de conhecimentos sobre dispositivos de hidrogéis inteligentes.

Referências

[1] Kirillova, A.; Ionov, L. Shape-changing polymers for biomedical applications (Polímeros que alteram a forma para aplicações biomédicas). *J. Mater. Chem.* **2019**, *7*, 1597-1624.

[2] Nawroth, J. C.;Lee, H.;Feinberg, A. W.;Ripplinger, C. M.;McCain, M. L.;Grosberg, A.;Dabiri, J. O.; Parker, K. K. Uma medusa de engenharia de tecidos com propulsão biomimética. *Nat. Biotechnol.* **2012**, *30*, 792-797.

[3] Peng, X.; Wang, H. L. Hidrogéis que alteram a forma e as suas aplicações como actuadores suaves. *J. Polym. Sci., Parte B: Polym. Phys.* **2018**, *56*, 1314-1324.

[4] Doring, A.;Birnbaum, W.; Kuckling, D. Responsive hydrogels - estruturas inteligentes optimizadas estrutural e dimensionalmente para aplicações em catálise, tecnologia de micro-sistemas e ciência dos materiais. *Chem. Soc. Rev.* **2013**, *42*, 7391-7420.

[5] Stuart, M. A. C.;Huck, W. T. S.;Genzer, J.;Muller, M.;Ober, C.;Stamm, M.;Sukhorukov, G. B.;Szleifer, I.;Tsukruk, V. V.;Urban, M.;Winnik, F.;Zauscher, S.;Luzinov, I.; Minko, S. Emerging applications of stimuli-responsive polymer materials. *Nat. Mater.* **2010**, *9*, 101-113.

[6] Lim, H. L.;Chuang, J. C.;Tuan, T.;Aung, A.;Arya, G.; Varghese, S. Dynamic Electromechanical Hydrogel Matrices for Stem Cell Culture. *Adv. Funct. Mater.* **2011**, *21*, 55-63.

[7] Ma, C. X.;Lu, W.;Yang, X. X.;He, J.;Le, X. X.;Wang, L.;Zhang, J. W.;Serpe, M. J.;Huang, Y. J.; Chen, T. Bioinspired Anisotropic Hydrogel Actuators with On-Off Switchable and Color-Tunable Fluorescence Behaviors. *Adv. Funct. Mater.* **2018**, *28*, 1704568.

[8] Wei, S. X.;Lu, W.;Le, X. X.;Ma, C. X.;Lin, H.;Wu, B. Y.;Zhang, J. W.;Theato, P.; Chen, T. Bioinspired Synergistic Fluorescence-Color-Switchable Polymeric Hydrogel Actuators. *Angew. Chem. Inter. Edit.* **2019**, *58*, 16243-16251.

[9] Jiang, Z.;Tan, M. L.;Taheri, M.;Yan, Q.;Tsuzuki, T.;Gardiner, M. G.;Diggle, B.; Connal, L. A. Strong, Self-Healable, and Recyclable Visible-Light-Responsive Hydrogel Actuators. *Angew. Chem. Int. Edit.* **2020**, *59*, 7049-7056.

[10]Ye, L.;Zhang, Y. B.;Wang, Q. S.;Zhou, X.;Yang, B. G.;Ji, F.;Dong, D. Y.;Gao, L. N.;Cui, Y. L.; Yao, F. Hidrogel Zwitteriónico à base de amido de reticulação física com excelente biocompatibilidade, resistência a proteínas e biodegradabilidade. *Acs Appl. Mater. Interfaces* **2016**, *8*, 15710-15723.

[11]Le, X. X.;Lu, W.;Zhang, J. W.; Chen, T. Progresso recente em atuadores de hidrogel anisotrópico biomimético. *Adv. Sci.* **2019**, *6*, 1801584.

[12]Stoychev, G.;Kirillova, A.; Ionov, L. Light-Responsive Shape-Changing Polymers. *Adv.*

Opt. Mater. **2019**, *7*, 1900067.
[13]Mauro, M. Actuadores suaves à base de gel acionados pela luz. *J. Mater. Chem. B* **2019**, *7*, 4234-4242.
[14]Cangialosi, A.;Yoon, C.;Liu, J.;Huang, Q.;Guo, J. K.;Nguyen, T. D.;Gracias, D. H.; Schulman, R. Mudança de forma dirigida por sequência de DNA de hidrogéis fotopadronizados via inchaço de alto grau. *Ciência* **2017**, *357*, 1126-1129.
[15]Calvert, P. Hydrogels for Soft Machines. *Adv. Mater.* **2009**, *21*, 743-756.
[16]Nakahata, M.;Takashima, Y.;Hashidzume, A.; Harada, A. Movimento Mecânico Gerado por Redox de um Atuador Polimérico Supramolecular Baseado em Interações Anfitrião-Hóspede. *Angew. Chem., Inter. Edit.* **2013**, *52*, 5731-5735.
[17]Ionov, L. Biomimetic Hydrogel-Based Actuating Systems. *Adv. Funct. Mater.* **2013**, *23*, 4555-4570.
[18]Kaneko, D.;Gong, J. P.; Osada, Y. Polymer gels as soft and wet chemomechanical systems - an approach to artificial muscles. *J. Mater. Chem.* **2002**, *12*, 2169-2177.
[19]Bassil, M.;Ibrahim, M.; El Tahchi, M. Microfibras musculares artificiais: hidrogel com electroactividade sintonizável a alta velocidade. *Soft Matter* **2011**, *7*, 4833-4838.
[20]Li, J.;Celiz, A. D.;Yang, J.;Yang, Q.;Wamala, I.;Whyte, W.;Seo, B. R.;Vasilyev, N. V.;Vlassak, J. J.;Suo, Z.; Mooney, D. J. Adesivos resistentes para diversas superfícies húmidas. *Ciência* **2017**, *357*, 378-381.
[21]Singamaneni, S.;LeMieux, M. C.;Lang, H. P.;Gerber, C.;Lam, Y.;Zauscher, S.;Datskos, P. G.;Lavrik, N. V.;Jiang, H.;Naik, R. R.;Bunning, T. J.; Tsukruk, V. V. Bimaterial microcantilevers as a hybrid sensing platform. *Adv. Mater.* **2008**, *20*, 653680.
[22]ter Schiphorst, J.;Coleman, S.;Stumpel, J. E.;Ben Azouz, A.;Diamond, D.; Schenning, A. P. H. J. Conceção molecular de hidrogéis sensíveis à luz, para geração in situ de válvulas rápidas e reversíveis para aplicações microfluídicas. *Chem. Mater.* **2015**, *27*, 5925-5931.
[23]Beebe, D. J.;Moore, J. S.;Bauer, J. M.;Yu, Q.;Liu, R. H.;Devadoss, C.; Jo, B. H. Functional hydrogel structures for autonomous flow control inside microfluidic channels. *Nature* **2000**, *404*, 588-590.
[24]Yang, C.; Liu, Z. A.; Chen, C.; Shi, K.; Zhang, L.; Ju, X. J.; Wang, W.; Xie, R.; Chu, L. Y. Hidrogéis inteligentes contendo óxido de grafeno reduzido com excelente electro-resposta e propriedades mecânicas para actuadores suaves. *Acs Appl. Mater. Interfaces* **2017**, *9*, 15758-15767.
[25]Han, D.;Farino, C.;Yang, C.;Scott, T.;Browe, D.;Choi, W.;Freeman, J. W.; Lee, H. Soft Robotic Manipulation and Locomotion with a 3D Printed Electroactive Hydrogel. *Acs Appl. Mater. Interfaces* **2018**, *10*, 17512-17518.
[26]Ilievski, F.;Mazzeo, A. D.;Shepherd, R. E.;Chen, X.; Whitesides, G. M. Soft Robotics for Chemists. *Angew. Chem., Int. Ed.* **2011**, *50*, 1890-1895.
[27]Yin, H.;Shen, W. Q.;Qu, H. Q.;Li, C.; Zhu, M. Q. Transferência de carga impulsionada e difusão de íons Na- em nano-heteroestrutura Sb2Te3-Te semelhante a veias de resfriamento para longa vida útil e ânodo de alta capacidade de taxa. *Nano Energy* **2020**, *70*, 104468.
[28]Yin, H.; Hui, K. S.; Zhao, X.; Mei, S. L.; Lv, X. W.; Hui, K. N.; Chen, J. Síntese ecológica de fibras de carbono Sb2S3 dopadas com N auto-suportadas com alta utilização de átomos e descarga zero para baterias comerciais de íon-lítio completas. *Acs Appl. Energy Mater.* **2020**, *3*, 6897-6906.
[29]Ji, S. B.;Cao, W.;Yu, Y.; Xu, H. P. Elastómero de poliuretano contendo disseleneto e auto-regeneração induzida por luz visível. *Adv. Mater.* **2015**, *27*, 7740-7745.

[30]Xia, L. W.;Xie, R.;Ju, X. J.;Wang, W.;Chen, Q. M.; Chu, L. Y. Hidrogéis inteligentes nano-estruturados com resposta rápida e elevada elasticidade. *Nat. Commun.* **2013**, *4*, 1-11.

[31]Peng, X.;Liu, T. Q.;Jiao, C.;Wu, Y. Q.;Chen, N.; Wang, H. L. Deformações complexas da forma de hidrogéis homogéneos de poli(N-isopropilacrilamida)/óxido de grafeno programadas por irradiação NIR local. *J. Mater. Chem. B* **2017**, *5*, 7997-8003.

[32]Shim, T. S.;Kim, S. H.;Heo, C. J.;Jeon, H. C.; Yang, S. M. Controlled Origami Folding of Hydrogel Bilayers with Sustained Reversibility for Robust Microcarriers. *Angew. Chem. Int. Ed.* **2012**, *51*, 1420-1423.

[33]Ma, C. X.;Li, T. F.;Zhao, Q.;Yang, X. X.;Wu, J. J.;Luo, Y. W.; Xie, T. Supramolecular Lego Assembly Towards Three-Dimensional Multi-Responsive Hydrogels. *Adv. Mater.* **2014**, *26*, 5665-5669.

[34]Zakharchenko, S.; Ionov, L. Anisotropic Liquid Microcapsules from Biomimetic Self-Folding Polymer Films. *Acs Appl. Mater. Interfaces* **2015**, *7*, 12367-12372.

[35]Na, J. H.;Evans, A. A.;Bae, J.;Chiappelli, M. C.;Santangelo, C. D.;Lang, R. J.;Hull, T. C.; Hayward, R. C. Programming Reversibly Self-Folding Origami with Micropatterned Photo-Crosslinkable Polymer Trilayers. *Adv. Mater.* **2015**, *27*, 79-85.

[36]Jeon, S. J.; Hayward, R. C. Reconfigurable Microscale Frameworks from Concatenated Helices with Controlled Chirality. *Adv. Mater.* **2017**, *29*, 1606111.

[37]Luo, R. C.;Wu, J.;Dinh, N. D.; Chen, C. H. Gradient Porous Elastic Hydrogels with Shape-Memory Property and Anisotropic Responses for Programmable Locomotion. *Adv. Funct. Mater.* **2015**, *25*, 7272-7279.

[38]Peng, X.;Li, Y.;Zhang, Q.;Shang, C.;Bai, Q. W.; Wang, H. L. Hidrogéis resistentes com deformações de forma programáveis e complexas por imersão em iões e impressão por transferência. *Adv. Funct. Mater.* **2016**, *26*, 4491-4500.

[39]Zhou, Y.;Hauser, A. W.;Bende, N. P.;Kuzyk, M. G.; Hayward, R. C. Waveguiding Microactuators Based on a Photothermally Responsive Nanocomposite Hydrogel. *Adv. Funct. Mater.* **2016**, *26*, 5447-5452.

[40]Qin, H. L.;Zhang, T.;Li, N.;Cong, H. P.; Yu, S. H. Hidrogéis anisotrópicos e auto-regenerativos com capacidade de atuação multi-responsiva. *Nat. Commun.* **2019**, *10*, 1-11.

[41]Zhang, E. Z.;Wang, T.;Hong, W.;Sun, W. X.;Liu, X. X.; Tong, Z. Atuação por infravermelhos com base em hidrogéis nanocompostos de óxido de grafeno-poli(N-isopropilacrilamida) de duas camadas. *J. Mater. Chem. A* **2014**, *2*, 15633-15639.

[42]Ma, C. X.;Le, X. X.;Tang, X. L.;He, J.;Xiao, P.;Zheng, J.;Xiao, H.;Lu, W.;Zhang, J. W.;Huang, Y. J.; Chen, T. Um Hidrogel Anisotrópico Multiresponsivo com Deformações Complexas 3D Macroscópicas. *Adv. Funct. Mater.* **2016**, *26*, 8670-8676.

[43]Wang, E.; Desai, M. S.; Lee, S. W. Actuadores de hidrogel composto de grafeno e elastina controlados por luz. *Nano Lett.* **2013**, *13*, 2826-2830.

[44]Dong, Y.;Wang, J.;Guo, X. K.;Yang, S. S.;Ozen, M. O.;Chen, P.;Liu, X.;Du, W.;Xiao, F.;Demirci, U.; Liu, B. F. Multi-stimuli-responsive programmable biomimetic actuator. *Chem. Commun.* **2019**, *10*, 1-10.

[45]Li, L.;Scheiger, J. M.; Levkin, P. A. Design and Applications of Photoresponsive Hydrogels. *Adv. Mater.* **2019**, *31*, 1807333.

[46]Takashima, Y.;Hatanaka, S.;Otsubo, M.;Nakahata, M.;Kakuta, T.;Hashidzume, A.;Yamaguchi, H.; Harada, A. Expansão-contração de músculo artificial fotorresponsivo regulado por interações hospedeiro-convidado. *Nat. Commun.* **2012**, *3*, 1-8.

[47]Iwaso, K.;Takashima, Y.; Harada, A. Músculos moleculares artificiais do tipo seco de

resposta rápida com cadeias [c2]daisy. *Nat. Chem.* **2016**, *8*, 626-633.

[48] Takashima, Y.; Hayashi, Y.; Osaki, M.; Kaneko, F.; Yamaguchi, H.; Harada, A. Um atuador polimérico fotorreponsivo topologicamente reticulado por unidades móveis com base em um [2] Rotaxano. *Macromolecules* **2018**, *51*, 4688-4693.

[49] Ikejiri, S.;Takashima, Y.;Osaki, M.;Yamaguchi, H.; Harada, A. Solvent-Free Photoresponsive Artificial Muscles Rapidly Driven by Molecular Machines. *J. Am. Chem. Soc.* **2018**, *140*, 17308-17315.

[50] Ziolkowski, B.;Florea, L.;Theobald, J.;Benito-Lopez, F.; Diamond, D. Porous selfprotonating spiropyran-based NIPAAm gels with improved reswelling kinetics. *J. Mater. Sci.* **2016**, *51*, 1392-1399.

[51] Francis, W.;Dunne, A.;Delaney, C.;Florea, L.; Diamond, D. Spiropyran based hydrogels actuators-Walking in the light. *Sens. Actuadores B* **2017**, *250*, 608-616.

[52] Satoh, T.;Sumaru, K.;Takagi, T.; Kanamori, T. Hidrogéis rápidos e reversíveis acionados por luz constituídos por poli(N-isopropilacrilamida) funcionalizada com espirobenzopirano. *Soft Matter* **2011**, *7*, 8030-8034.

[53] Li, C.;Iscen, A.;Palmer, L. C.;Schatz, G. C.; Stupp, S. I. Light-Driven Expansion of Spiropyran Hydrogels. *J. Am. Chem. Soc.* **2020**, *142*, 8447-8453.

[54] Zou, W. K.;Dong, J. T.;Luo, Y. W.;Zhao, Q.; Xie, T. Dynamic Covalent Polymer Networks: from Old Chemistry to Modern Day Innovations. *Adv. Mater.* **2017**, *29*, 1606100.

[55] Ikeda, T.;Nakano, M.;Yu, Y. L.;Tsutsumi, O.; Kanazawa, A. Comportamento anisotrópico de flexão e inflexão de géis líquido-cristalinos de azobenzeno por exposição à luz. *Adv. Mater.* **2003**, *15*, 201-205.

[56] Imato, K.;Nishihara, M.;Kanehara, T.;Amamoto, Y.;Takahara, A.; Otsuka, H. SelfHealing of Chemical Gels Cross-Linked by Diarylbibenzofuranone-Based Trigger-Free Dynamic Covalent Bonds at Room Temperature. *Angew. Chem. Int. Ed.* **2012**, *51*, 11381142.

[57] Xiang, S. L.;Hua, Q. X.;Zhao, P. J.;Gong, W. L.;Li, C.; Zhu, M. Q. Photoplastic Self-Healing Polyurethane Springs and Actuators. *Chem. Mater.* **2019**, *31*, 5081-5088.

[58] Xiang, S. L.;Hua, Q. X.;Gong, W. L.;Xie, N. H.;Zhao, P. J.;Cheng, G. J.;Li, C.; Zhu, M. Q. Transformação fotoplástica baseada em química covalente dinâmica. *Acs Appl. Mater. Interfaces* **2019**, *11*, 23623-23631.

[59] Kishimoto, Y.; Abe, J. Uma molécula fotocrómica rápida que se colore apenas sob luz UV. *J. Am. Chem. Soc.* **2009**, *131*, 4227-4229.

[60] Honda, S.; Toyota, T. Photo-triggered solvent-free metamorphosis of polymeric materials. *Nat. Commun.* **2017**, *8*, 1-8.

[61] Iwamura, T.; Sakaguchi, M. Um novo sistema de desvinculação de polímeros reticulados para polímeros lineares utilizando pressão ou irradiação de luz visível. *Macromolecules* **2008**, *41*, 8995-8999.

[62] Nojoomi, A.;Arslan, H.;Lee, K.; Yum, K. Bioinspired 3D structures with programmable morphologies and motions. *Nat. Commun.* **2018**, *9*, 1-11.

[63] Kim, J.;Hanna, J. A.;Byun, M.;Santangelo, C. D.; Hayward, R. C. Designing Responsive Buckled Surfaces by Halftone Gel Lithography. *Science* **2012**, *335*, 12011205.

[64] Yang, Y. Y.;Wang, X.;Yang, F.;Wang, L. N.; Wu, D. C. Hidrogéis híbridos iónico-covalentes altamente elásticos e ultra-resistentes com estruturas e mecânicas ajustáveis. *Adv. Mater.* **2018**, *30*, 1707071.

[65] Taylor, D.;O'Mara, N.;Ryan, E.;Takaza, M.; Simms, C. The fracture toughness of soft tissues. *J. Mech. Behav. Biomed. Mater.* **2012**, *6*, 139-147.

[66] Sun, T. L.;Kurokawa, T.;Kuroda, S.;Bin Ihsan, A.;Akasaki, T.;Sato, K.;Haque, M. A.;Nakajima, T.; Gong, J. P. Physical hydrogels composed of polyampholytes demonstrate high toughness and viscoelasticity. *Nat. Mater.* **2013**, *12*, 932-937.
[67] Lin, S. T.; Liu, J.; Liu, X. Y.; Zhao, X. H. Hidrogéis resistentes à fadiga semelhantes aos do músculo através de treino mecânico. *Proc. Natl. Acad. Sci. U. S. A.* **2019**, *116*, 10244-10249.

CAPÍTULO 5

Resistência de poliuretano fotodegradável com elevada fotossensibilidade baseada no fotocontrolo da molécula de hexaarilbiimidazol

5.1 Introdução

As resinas fotossensíveis podem ser divididas em resinas positivas e negativas, normalmente compostas por fotossensibilizadores, resinas de matriz, solventes e outros auxiliares [1]. Expostas à luz ultravioleta (UV) com comprimento de onda específico, as cadeias poliméricas das resinas fotossensíveis positivas sofrerão despolimerização, ou seja, ocorrerá a reação de desproteção, tornando a resina fotossensível mais facilmente dissolvida no revelador [2-4]. Assim, a região que recebe a iluminação no fotorresiste dissolve-se no revelador específico, enquanto as propriedades químicas da parte não iluminada não são afectadas. No caso dos fotorresistentes negativos, o princípio de reação é o oposto. Atualmente, os sistemas Novolac-diazonaftoquinona (DNQ) são os principais fotorresistentes dos fotorresistentes positivos i-line mais utilizados [3]. Sob irradiação UV, o DNQ sofre um rearranjo de Wolff para gerar ceteno, que é posteriormente transformado em ácido indeno carboxílico, promovendo a dissolução do Novolac no revelador [3,5]. Outros fotorresistentes importantes incluem resinas químicas amplificadas (CAR), fotorresistências de vidro molecular, polímeros fotodegradáveis, etc., que têm sido utilizados em litografia de linha G, linha I, KrF, ArF e EUV [6-11]. Desde que o conceito de "amplificação química" foi proposto por Hiroshi Ito e colegas, tornou-se o paradigma dos sistemas avançados de resistência a 248 nm e 193 nm [4]. Para garantir a excelente resolução e a estabilidade do processo de fotorresistência quando aplicado à produção em massa, devem ser tidas em consideração as excelentes propriedades de formação de película, resistência à corrosão, estabilidade térmica, viscosidade adequada, baixa retração, baixo coeficiente de expansão térmica e propriedades de dilatação. Além disso, a fotossensibilidade afecta significativamente a eficiência temporal e a dimensão crítica (CD) do fabrico de semicondutores. Além disso, a preparação dos materiais é também uma consideração importante, que está diretamente relacionada com o custo de produção do fotorresiste. Nomeadamente, a resina Novolac-diazonaftoquinona é um sistema de dois componentes e a sua síntese é relativamente complexa. A reação fotoquímica é frequentemente acompanhada pela produção de gases, que podem causar a contaminação da lente da máquina de litografia [2,12].

Neste caso, foi demonstrado um tipo de fotorresiste positivo baseado num sistema de poliuretano (PU), no qual foram utilizadas unidades de hexa-arilbiimidazol (HABI) como agentes de reticulação fotocleaváveis. O HABI tem atraído um interesse generalizado desde que foi registado em 1960 [13]. Trata-se de um dímero formado por duas moléculas de trifenilimidazol (TPI), que estão ligadas covalentemente por uma ligação C-N no anel imidazol uma da outra [14]. Como fotointerruptor molecular com aplicações extensivas em diferentes campos, o HABI tem as caraterísticas de fotocromismo, termocromismo e piezocromismo ao mesmo tempo [13,15,16]. Sob estímulo externo, a ligação C-N interna da molécula de HABI é clivada, formando duas moléculas de radical trifenilimidazol (TPIR), acompanhadas de mudança de cor [13,16-22]. Removendo o estímulo externo, o TPIR recombina-se novamente através da ligação C-N e regressa à forma original de dímero [16]. Como uma espécie de molécula fotocrómica consagrada pelo tempo, a cinética da reação fotoquímica das moléculas HABI e as suas aplicações como foto-iniciadores na polimerização foram exploradas numa fase inicial [23]. Combinando grupos fluorescentes com as moléculas

HABI, preparámos uma série de interruptores moleculares fluorescentes de largo espetro, que têm sido utilizados para imagiologia de super-resolução com uma resolução de até 32nm [2427]. O HABI tem a caraterística de clivagem molecular foto-induzida, pelo que, teoricamente, pode ser utilizado como unidade funcional em materiais foto-responsivos. No entanto, o TPIR decomposto a partir de HABI reagiria com iniciadores de radicais livres, perdendo assim as suas propriedades fotocrómicas originais. Assim, a incorporação de HABI no polímero por polimerização de radicais livres é muitas vezes difícil. Iwamura et al. introduziram grupos vinílicos no TPI e incorporaram o TPI na cadeia lateral do polímero linear por copolimerização radicalar livre, seguida da oxidação do TPI para formar HABI [22,28]. De forma semelhante, foram preparados materiais poliméricos contendo HABI com as funções de descoloração por congelação e transição sólido-líquido fotoinduzida [21,29]. No entanto, a estratégia de polimerização seguida de oxidação não tem sido amplamente utilizada devido à baixa eficiência de conversão de oxidação de TPI para HABI [22,29]. Para evitar o fracasso do fotocromismo do HABI causado pela polimerização de radicais livres e a baixa eficiência de oxidação do TPI para HABI na polimerização seguida de oxidação, foi desenvolvida uma série de materiais poliméricos reticulados de foto-processamento e foto-reformulação com HABI como ponto de reticulação através da polimerização por clique [30]. Recentemente, foram comunicados os elastómeros de poliuretano (PU) fotoplástico, que podem ser aplicados em molas fotoplásticas [31], auto-regeneração rápida fotoinduzida [32] e actuadores de hidrogel acionados por luz visível [33]. Como uma espécie de interrutor de moléculas com resposta ultra-rápida à luz, o seu potencial no domínio da litografia continua por explorar. Tanto quanto é do nosso conhecimento, este é o primeiro relatório em que o HABI foi aplicado ao fotorresistente positivo fotodegradável de alta resolução.

Os materiais de PU possuem uma grande superioridade de métodos de síntese fáceis com taxas de polimerização rápidas e um excelente desempenho físico-químico [34-35]. As propriedades mecânicas do PU podem ser reguladas por várias composições de monómeros. Devido à sua resistência aos solventes e à abrasão, o PU é amplamente utilizado no domínio dos elastómeros de tração, dos materiais impermeáveis e dos revestimentos poliméricos, e até mesmo dos fotorresistentes [36-41]. Em trabalhos anteriores, o HABI foi incorporado no esqueleto do polímero por ligação covalente e o polímero concebido sofreu alterações de cor, conversão reversível sólido-líquido, inchamento anisotrópico foto-controlado e alterações morfológicas sob irradiação luminosa. Estes processos poderiam ser repetidos devido à dissociação/recombinação entre HABI e TPIR. Neste caso, a transformação reversível entre HABI e TPIR foi terminada através da adição de um eliminador de radicais aos fotoresistentes de polímero PU de reticulação HABI (HABI-PU PR). O TPIR pode ser extinto pelo eliminador de radicais livres, inibindo a recombinação reversível do TPIR no dímero HABI após a remoção da iluminação (Fig. 5-1b). Assim, os pontos de ligação cruzada do HABI-PU PR foram destruídos irreversivelmente na região irradiada por luz UV. Na zona irradiada, as cadeias de polímero degradaram-se com a diminuição do peso molecular e depois dissolveram-se no revelador (Fig. 5-1a). Enquanto a película de HABI-PU PR na região não irradiada permanecia inalterada no substrato, o HABI-PU PR podia ser utilizado como um fotorresistente positivo (Fig. 5-1a).

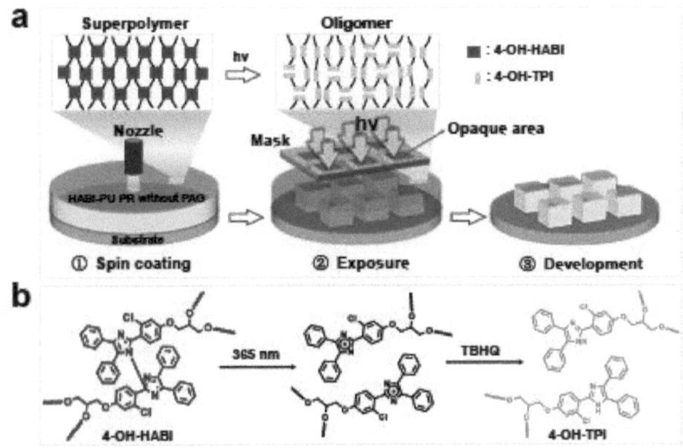

Fig. 5-1 Diagrama esquemático de (a) HABI-PU PR utilizado para fotolitografia, e o processo de despolimerização de superpolímero para oligómero de HABI-PU PR sob irradiação de 365 nm. (b) Transformação irreversível entre o superpolímero à base de HABI e o oligómero à base de TPIR após a adição do eliminador de radicais TBHQ.

5.2 Secção de experiências

5.2.1 Preparação dos materiais

O reticulador foto-responsivo, tetrahidroxi funcionalizado HABI (Fig. 5-3a), que foi referido como 4-OH-HABI nesta investigação, foi sintetizado de acordo com o relatório anterior. O monómero linear polietilenoglicol (PEG400), o diisocianato de isoforona (IPDI), o catalisador dilaurato de di-n-butilestanho (DBTDL), o eliminador de radicais *terc-butil-hidroquinona* (TBHQ), o revelador tetra-hidrofurano (THF) e o solvente acetato de etilo anidro foram adquiridos à Energy Chemical.

5.2.2 Síntese e preparação do filme HABI-PU PR

A síntese do HABI-PU PR é apresentada na Fig. 5-3a. Sob uma atmosfera de azoto, adicionou-se 2% de DBTDL à mistura de PEG400 (0,1 g, 0,25 mmol) e HABI (0,079 g, 0,094 mmol). O IPDI (0,097 g, 0,436 mmol) foi então adicionado seguindo a proporção de R=1,0 (R=grupos funcionais de isocianato: grupos funcionais de hidroxi). Foi adicionado TBHQ com um determinado teor para preparar a solução precursora do fotorresiste. A pastilha de silício foi embebida numa mistura de ácido sulfúrico concentrado e peróxido de hidrogénio (3:1 em v/v) durante 48 h, e depois a pastilha foi limpa com água desionizada e etanol por várias vezes, sendo finalmente seca com nitrogénio. A solução precursora de fotorresiste (Fig. 5-2) foi revestida por centrifugação na bolacha de silício através do seguinte processo de centrifugação em duas fases. Etapa 1: a aceleração foi de 300 rpm^s^{-1} , a velocidade foi de 1000 rpm, o tempo foi de 20 s. Foi concebida para distribuir uniformemente a solução de monómero no substrato. Etapa 2: a aceleração foi de 2500 rpm^s^{-1} , a velocidade é de 8000 rpm, o tempo é de 20 s. Foi concebida para formar películas homogéneas com espessura uniforme. A espessura da película fotorresistente final era de cerca de 250~300 nm. A bolacha revestida com a película HABI-PU PR foi cozida a 45 °C durante 3 h para remover o solvente e promover a polimerização entre os grupos isocianato e hidroxi na solução precursora. Uma vez que o ponto de ebulição do acetato de etilo é baixo, uma temperatura de cozedura baixa é suficiente para remover o solvente e promover a formação de redes poliméricas. Após a cozedura suave, a película fotorresistente seria insolúvel em solventes orgânicos como THF, acetona e acetato de etilo.

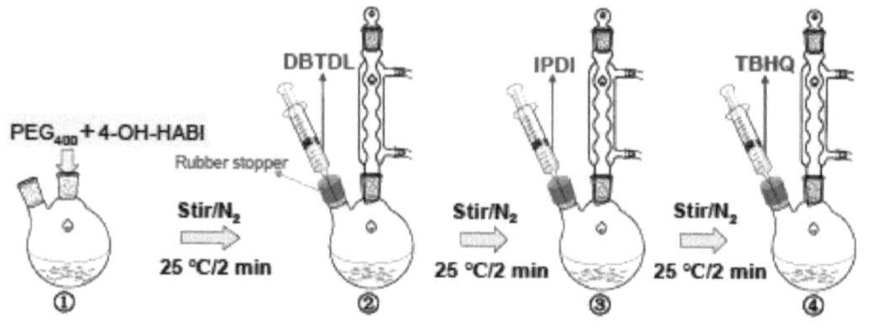

Fig. 5-2 O fluxograma pormenorizado da preparação do material fotorresistente HABI-PU. A solução precursora do passo 4 pode ser utilizada para o processo de revestimento por centrifugação do material fotorresistente após arrefecimento à temperatura ambiente. O acetato de etilo, que não é nocivo para os seres humanos, foi o solvente utilizado em todos os procedimentos experimentais.

5.2.3 Processo de litografia e caraterização do fotorresiste HABI-PU

A espessura da película foi caracterizada por um perfilador de passo, e os padrões foram caracterizados por microscópio ótico e microscópio eletrónico de varrimento (SEM). O processo de litografia foi efectuado numa máquina de fotolitografia H94-25C (Sichuan Nanguang Vacuum Technology). O comprimento de onda da fonte de luz é de cerca de 365 nm (8,52 mW/cm^2). A bolacha revestida com fotorresiste foi colocada na plataforma de litografia, tendo a altura da plataforma sido ajustada de modo a que a bolacha entrasse em contacto com a máscara para a litografia de contacto subsequente. Após a litografia, a revelação é efectuada em THF, com um tempo de revelação de 60 s. (Fig. 5-3a).

5.3 Resultados e discussão

A polimerização num único frasco de HABI-PU PR foi demonstrada na Fig. 5-2. A solução precursora foi revestida por rotação na superfície da bolacha para formar a película fina, que foi aquecida a 45°C para facilitar a polimerização (Fig. 5-3a e Fig. 5-2). Além disso, os dois grupos hidroxi no anel de benzeno do TBHQ possuem uma atividade elevada e podem reagir com radicais livres. A capacidade antioxidante do TBHQ é superior à do galato de propilo (PG), do hidroxitolueno butilado (BHT) e do hidroxianisol butilado (BHA) [42-44]. Por conseguinte, o TBHQ serve frequentemente como um excelente antioxidante em embalagens de alimentos [43]. O mecanismo de interação entre o TBHQ e os radicais continua por revelar. O mecanismo popular tende a pensar que os átomos de hidrogénio dos grupos hidroxi fenólicos se combinarão com os radicais para gerar uma substância mais estável, enquanto o TBHQ se transformará em quinonas menos activas [31]. Para investigar se o TPIR reagiu com o TBHQ para gerar TPI (Fig. 5-4a), a mistura de TBHQ e 2-Cl-HABI sem grupos polimerizáveis foi preparada e irradiada durante 10 minutos sob luz UV. Em seguida, o produto foi separado por cromatografia em coluna (Fig. 5-4b). O produto foi caracterizado por espetro de massa (MS) e^1 HNMR. O pico a 331,09 no MS correspondeu ao pico do ião molecular do 2-Cl-TPI (Fig. 5-4c). O pico a 12,66 no^1 HNMR representou o H do imidazol, os sinais de 7,2 a 7,9 representaram o H do benzeno do 2-Cl-TPI (Fig. 5-4d), indicando que o TPIR é transformado em TPI depois de extinto pelo TBHQ [31,32,45]. Teoricamente, os electrões do radical TPIR estão conjugados no anel imidazol, pelo que o TPIR tende a capturar o hidrogénio ativo no TBHQ para se combinar com o seu próprio átomo de N, resultando na formação de uma estrutura de TPI mais estável. Entretanto, o TBHQ é transformado numa quinona mais estável.

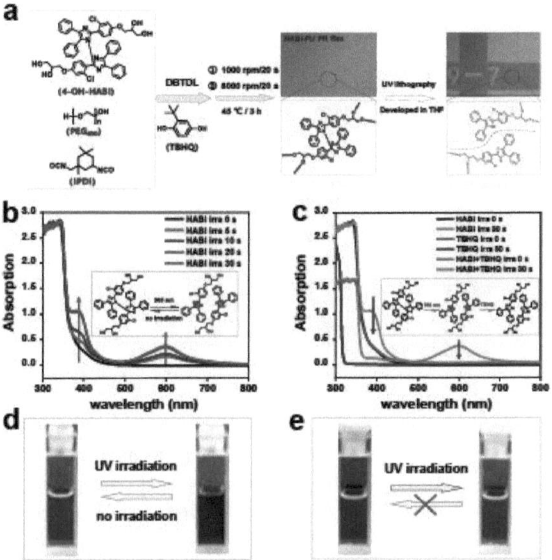

Fig. 5-3 (a) A síntese de HABI-PU PR e a sua decomposição no processo de fotolitografia. (b) Espectros de absorção UV-vis do HABI em solução THF após irradiação a 365 nm durante diferentes períodos de tempo. (c) Espectros de absorção UV-vis do monómero HABI, do monómero TBHQ e da mistura de HABI e TBHQ em solução THF após irradiação a 365 nm (a razão molar TBHQ/HABI = 3). (d) A mudança de cor do HABI em solução de THF antes e depois da irradiação com luz UV. (e) Alteração da cor da mistura de HABI e TBHQ em solução de THF antes e depois da irradiação com luz UV.

Devido à excelente fotossensibilidade do HABI, a luz externa pode ser utilizada para ajustar a estrutura interna de reticulação das redes de PU. Sob irradiação UV, a ligação C-N dentro da unidade HABI dividir-se-ia em dois TPIRs. Como sequestradores de radicais, os TBHQs dispersaram-se em torno do TPIR, convertendo diretamente o TPIR na forma de TPI (Fig. 5-1b). Em seguida, as redes reticuladas (polímero de elevado peso molecular) foram transformadas em oligómeros, permitindo que o fotorresiste na zona irradiada fosse dissolvido pelo revelador. Como se mostra no passo 3 da Fig. 5-1a, a parte não irradiada não se dissolve e permanece no substrato. De notar que se observou uma redução na espessura da película da zona não irradiada após a revelação (Tabela 5-1), o que foi atribuído ao facto de os grupos hidroxi do TBHQ intervirem na polimerização do HABI-PU PR. Este facto será descrito em pormenor mais tarde.

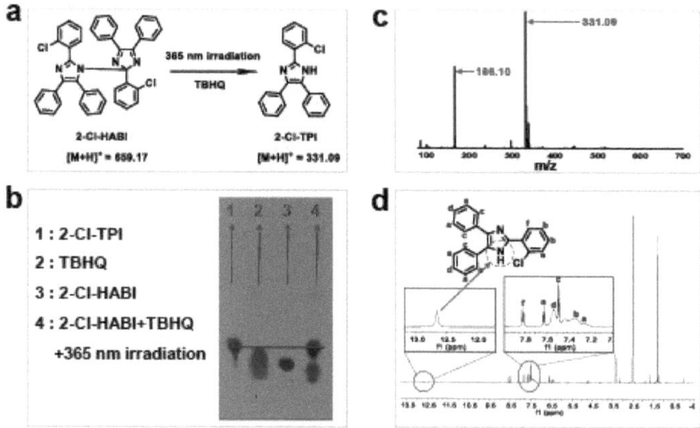

Fig. 5-4 (a) As estruturas de 2-Cl-HABI e 2-Cl-TPI, e a conversão de 2-Cl-HABI em 2-Cl- TPI. (b) Análise TLC de diferentes amostras. (c) Espectro de massa (MS) da mistura de 2-Cl-HABI e TBHQ após irradiação UV. O pico a 331,09 no MS corresponde ao pico do ião molecular do 2-Cl-TPI; o pico a 166,10 no MS corresponde ao pico do ião molecular do TBHQ. (d)[1] H Espectros de RMN da mistura de 2-Cl-HABI e TBHQ após irradiação UV. É de notar que existem alguns outros picos não relacionados em[1] HNMR, que provêm de solventes e outras impurezas. A existência destes picos não correlacionados não afecta o julgamento da conclusão, uma vez que o foco é saber se o TPIR foi finalmente convertido em TPI.

Tabela 5-1 Formulação e desempenho do HABI-PU PR com diferentes proporções molares de TBHQ/HABI.

TBHQ/HABI	**Percentagem molar de HABI**	***R* valor**	**Conteúdo sólido**	E_o **(mJ/cm)^2**	**Filme inicial espessura (nm)**	**Rácio de retenção de película**[a]
1.5	12 %	1.0	5.27 %	6393	282.9	88 %
2.0	12 %	1.0	5.27 %	4092	253.2	75.6 %
2.5	12 %	1.0	5.27 %	1023	291.2	51 %
3.0	12 %	1.0	5.27 %	256	247.9	45.3 %
3.5	12 %	1.0	5.27 %	171	319.5	42.1 %

a Rácio de retenção da película = espessura da película após revelação/espessura da película antes da revelação x 100 %. A retenção da espessura da película refere-se à espessura final da película na área não exposta após a revelação.

Depois de a solução de HABI ter sido irradiada com uma lâmpada LED de 365 nm durante 5 s, apareceram dois picos de absorção em torno de 390 nm e 598 nm (Fig. 5-3b), que correspondiam aos picos de absorção de TPIR formados pela clivagem de HABI. Os picos de absorção aumentaram gradualmente com o prolongamento do tempo de iluminação, indicando a excelente fotossensibilidade do HABI à luz UV. Observou-se que a cor da solução de HABI mudou de amarelo pálido para azul após a irradiação UV (Fig. 5-3d). No entanto, a adição de TBHQ causou o desaparecimento dos picos de absorção a 390 nm e 598 nm sob irradiação de luz UV (Fig. 5-3c), demonstrando que o TPIR formado pelo HABI após a irradiação UV foi extinto pelo TBHQ e perdeu a sua atividade radicalar, juntamente com a mudança de cor da mistura de amarelo pálido para castanho pálido (Fig. 5-3e). Este resultado foi ainda apoiado pela ressonância paramagnética eletrónica (EPR) (Fig. 5-5). Quando a solução HABI foi irradiada por luz UV, os picos de sinal a 3517 G e 3523 G indicaram a formação de TPIR (Fig. 5-5a). Os dois picos desapareceram após a adição de TBHQ, indicando que a TPIR podia ser extinta quantitativamente pelo TBHQ (Fig. 5-5b). Na área exposta da película de HABI-PU PR, a ligação C-N dentro das unidades HABI foi clivada em duas TPIRs, que foram depois extintas pelo TBHQ, causando a diminuição da densidade de reticulação do PU na área exposta, e os materiais poliméricos de PU nas áreas irradiadas puderam dissolver-se no revelador (Fig. 5-1).

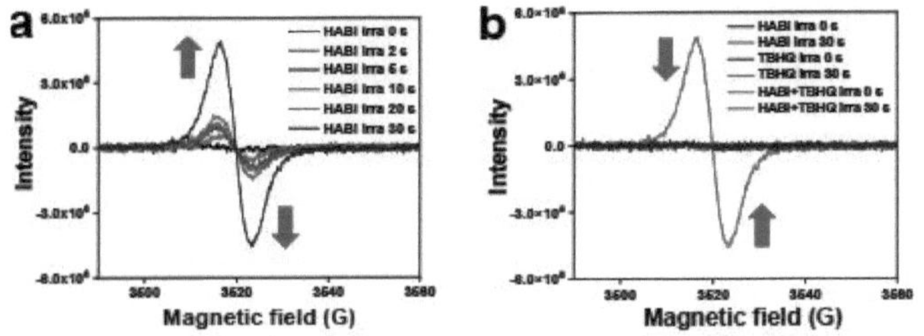

Fig. 5-5 Alterações do espetro EPR foto-induzidas de 4-OH-HABI e da mistura de HABI e TBHQ. (a) Alterações EPR foto-induzidas do HABI após exposição a irradiação de 365 nm durante diferentes períodos de tempo. (b) Alterações EPR fotoinduzidas do monómero HABI, do monómero TBHQ e das misturas de HABI e TBHQ antes e depois da irradiação de 365 nm.

Foram preparadas soluções de mistura com diferentes proporções de HABI e TBHQ (Tabela 5-1). Alterando a proporção de HABI e TBHQ, obtiveram-se películas de HABI-PU PR com diferentes qualidades e fotossensibilidade. A espessura da película de HABI-PU PR medida situava-se entre 250 e 320 nm. A espessura da película, a fotossensibilidade e a taxa de retenção de película das películas de HABI-PU PR estão indicadas na Tabela 5-1.

Foi obtido um padrão litográfico representativo com uma certa resolução sob irradiação UV (Fig. 5-6). Para verificar a viabilidade do fotorresiste positivo HABI-PU PR, foi efectuada uma exposição regional selectiva através de uma máscara. Esperava-se que a película na área exposta se dissolvesse no revelador, enquanto a parte não exposta permaneceria no substrato (Fig. 5-1a). Finalmente, os padrões na máscara foram transferidos para a película HABI-PU PR após fotolitografia e revelação (60 s).

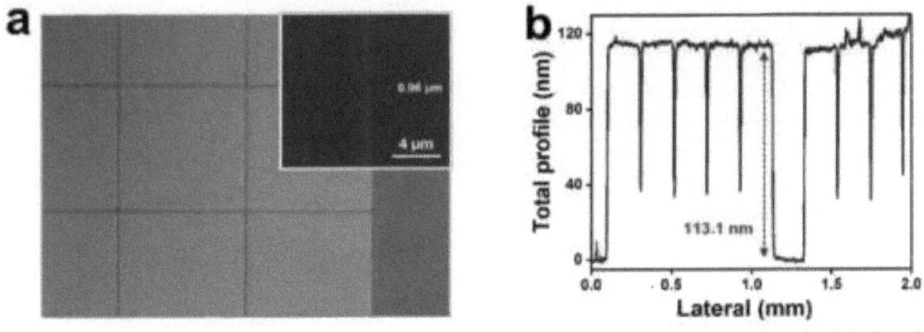

Fig. 5-6 O padrão litográfico representativo e a sua curva de perfil, a razão molar TBHQ/HABI = 3,0, a percentagem molar de HABI é de 12 %. Dose de exposição: 512 mJ/cm^2 , desenvolvida em THF durante 60 s. A curva de perfil foi caracterizada por um perfilador de passos.

Como eliminador de radicais TPIR, o TBHQ reagiu diretamente com o TPIR gerado pela fotólise das unidades de reticulação HABI. Por conseguinte, a proporção de TBHQ/HABI afectou significativamente a dose crítica de exposição E_o necessária para que o HABI-PU PR fosse completamente dissolvido pelo revelador. O conteúdo molar do monómero HABI foi controlado a 12%, o PEG400 a 38% e o IPDI a 50%, respetivamente. Como se mostra na Fig. **5-7a~c**, o bordo do padrão exposto era relativamente rugoso, indicando que o baixo teor de TBHQ não era suficiente para extinguir completamente o TPIR gerado pela fotólise do HABI. Na região limite entre as regiões irradiadas e não irradiadas, o grau de despolimerização das cadeias poliméricas não foi completo. Isto foi mais pronunciado para canais estreitos, onde a dose de exposição necessária E_o foi maior do que em padrões maiores. Para amostras com um rácio TBHQ/HABI de 3, os padrões de linhas eram mais nítidos e quase não eram afectados por E_o (Fig. **5-7d~e** e Fig. 5-8). A dimensão crítica (CD) da máscara utilizada foi de 1 μT. Após litografia e revelação (60 s), o tamanho de todos os padrões de linhas nas películas era quase igual ao da máscara (Fig. **5-7f~j**).

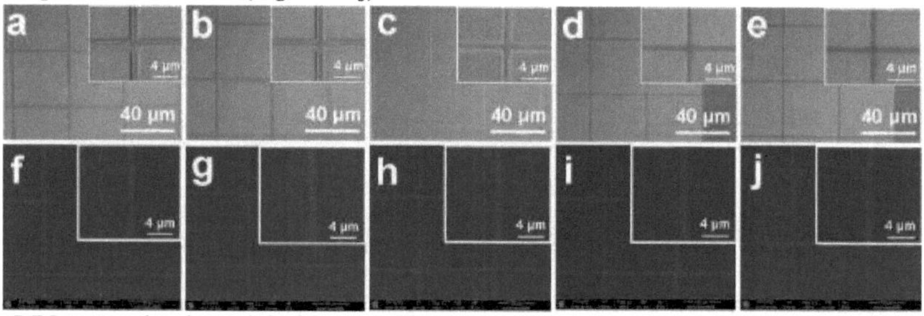

Fig. 5-7 Imagens de microscópio ótico e de SEM. (a) e (f) A razão molar de TBHQ/HABI=1,5. Dose de exposição: 6819 mJ/cm^2 . (b) e (g) A razão molar de TBHQ/HABI=2,0. Dose de exposição: 5114 mJ/cm^2 . (c) e (h) A razão molar de TBHQ/HABI=2,5. Dose de exposição: 4092 mJ/cm^2 . (d) e (i) A razão molar de TBHQ/HABI=3,0. Dose de exposição: 512 mJ/cm^2 . (e) e (j) A razão molar de TBHQ/HABI=3,5. Dose de exposição: 341 mJ/cm^2 . As barras de escala são apresentadas na figura. As inserções nas Fig. 5-7a a Fig. 5-7e são as imagens de microscópio ótico com ampliação local.

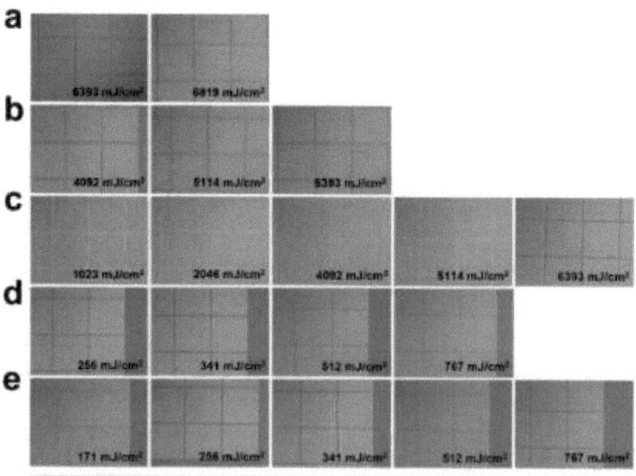

Fig. 5-8 (a) TBHQ/HABI=1,5, (b) TBHQ/HABI=2,0, (c) TBHQ/HABI=2,5, (d) TBHQ/HABI=3,0, (e) TBHQ/HABI=3,5. A percentagem molar de HABI é de 12 %. A primeira fotografia de cada fila corresponde ao padrão litográfico com uma dose de exposição de E_o.

Embora uma proporção mais elevada de TBHQ pudesse extinguir eficazmente o TPIR para obter um padrão relativamente puro (Fig. **5-7a~e**), o que também resultou numa diminuição significativa do rácio de retenção de película da película de polímero não irradiado (Tabela 5-1). Este fenómeno pode ser explicado por dois aspectos: (1) Durante o processo de cozedura suave, o TBHQ parcial reagiria com o IPDI devido aos dois grupos hidroxi contidos na molécula de TBHQ, o que foi comprovado pelas experiências de copolimerização do TBHQ e do IPDI (Fig. 5-9c);

(3) Por outro lado, verificou-se na espetroscopia de infravermelhos com transformada de Fourier (FTIR) do HABI-PU que o IPDI participaria totalmente na polimerização sem TBHQ (Fig. 5-9a), no entanto, o pico de vibração de -N=C=O no IPDI reapareceu novamente quando o TBHQ/HABI atingiu 2,5 (Fig. 5-9b). Os resultados indicaram que o elevado teor de TBHQ dificultaria o grau de polimerização entre o IPDI, o PEG400 e o agente reticulante HABI. Os dois factores acima referidos não favoreceram a reação de polimerização da película HABI-PU PR e a resistência à corrosão da película fotossensível ao revelador químico. Especula-se que o aspeto (2) acima é dominante. Como se mostra na Fig. 5-9c, o TBHQ reage com os isocianatos. Por outro lado, como se mostra na Fig. 5-9b, os grupos -N=C=O voltaram a aparecer no espetro FTIR do HBAI-PU quando a proporção de TBHQ para HABI aumenta para 2,5, indicando que os isocianatos parciais não participam na reação. A reação de polimerização do agente de reticulação HABI e PEG400 com isocianatos foi perturbada. Uma vez que o HBAI-PU PR final sintetizado apresenta boas propriedades fotossensíveis, mas um excesso de TBHQ provoca a perda de espessura da película fotossensível na região não exposta (Tabela 5-1), especula-se que um elevado teor de TBHQ dificultaria o grau de polimerização entre o IPDI, o PEG400 e o agente reticulante HABI.

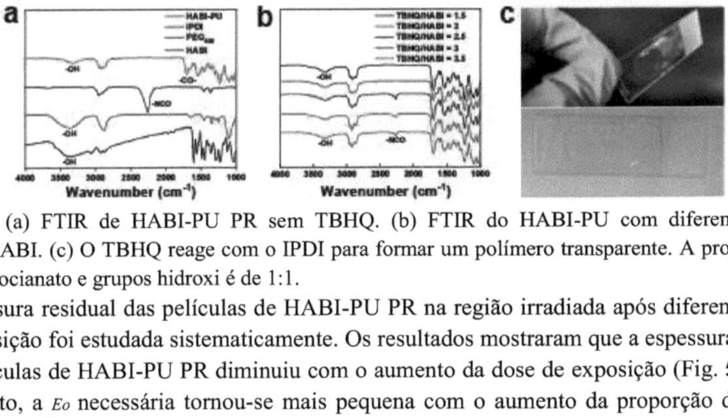

Fig. 5-9 (a) FTIR de HABI-PU PR sem TBHQ. (b) FTIR do HABI-PU com diferentes rácios TBHQ/HABI. (c) O TBHQ reage com o IPDI para formar um polímero transparente. A proporção de grupos isocianato e grupos hidroxi é de 1:1.

A espessura residual das películas de HABI-PU PR na região irradiada após diferentes doses de exposição foi estudada sistematicamente. Os resultados mostraram que a espessura residual das películas de HABI-PU PR diminuiu com o aumento da dose de exposição (Fig. **5-10a~e**). Entretanto, a *Eo* necessária tornou-se mais pequena com o aumento da proporção de TBHQ (Fig. 5-10f). À medida que a razão molar de TBHQ/HABI aumentou de 1,5 para 3,5, a dose crítica de exposição Eo diminuiu de 6393 mJ/cm^2 para 171 mJ/cm^2 . Alterando a estrutura do fotossensibilizador, a dose de exposição do atual fotoresistente Novolac- diazonaftoquinona i-line situa-se aproximadamente na gama de 110 ~ 590 mJ/cm^2 . A resolução mais elevada pode atingir 0,45 um, mas depende muito do desempenho do equipamento de litografia e do modo de irradiação [46-48]. No caso da HABI-PU PR, é possível obter uma resolução de 1 inn com uma dose de irradiação mínima de 171 mJ/cm^2 , o que pode basicamente satisfazer as necessidades da maior parte dos fabricantes de micro e nanofabricados. Note-se que a resolução limite do HABI-PU não foi verificada devido à limitação do equipamento, e a resolução de 1 im é o melhor que se pode obter com a máquina de exposição por contacto existente. Os resultados experimentais acima referidos confirmaram que o TBHQ tem uma elevada eficiência de extinção dos radicais livres TPIR. Quanto mais elevado for o teor de TBHQ em torno das unidades de reticulação da molécula HABI na película de polímero, mais rápida e facilmente o radical fotoinduzido TPIR pode ser extinto, aumentando significativamente a eficiência de exposição do fotoresistente HABI-PU PR no processo fotolitográfico. Mantendo TBHQ/HABI=3, a espessura residual da película de HABI-PU PR na área exposta diminuiu gradualmente com o aumento da dose de exposição (Fig. 5-11). A região de exposição foi completamente dissolvida no revelador tetrahidrofurano quando a dose de exposição atingiu 256 mJ/cm^2 (Fig. 5-11d). A transmissão de fotões através da película aprofundou-se com o aumento da dose de exposição, permitindo que mais unidades HABI fossem convertidas em TPIR e extintas por TBHQ. Uma vez que o coeficiente de extinção (cerca de 0,55x104 L mol^{-1} cm^{-1}) da película é constante, mais fotões atingiram a camada inferior da película de HABI-PU PR com o aumento da dose de irradiação, o que fez com que as unidades HABI em toda a espessura da região de iluminação se transformassem em TPIR, sendo finalmente extintas pelo TBHQ. Com o aumento do grau de degradação das cadeias poliméricas, os padrões fotolitográficos correspondentes tornaram-se gradualmente claros após a revelação.

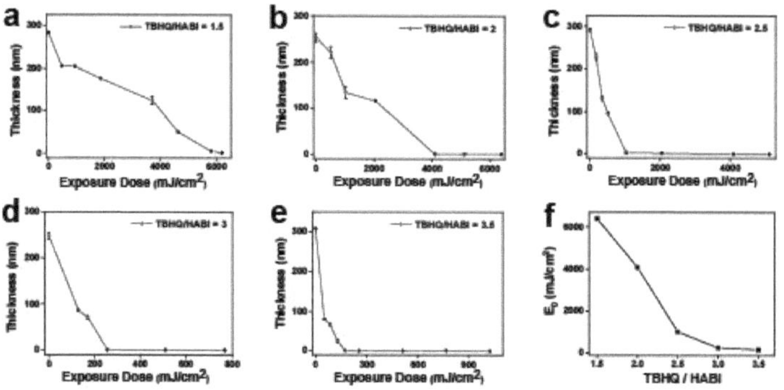

Fig. 5-10 Efeito da razão molar TBHQ/HABI na espessura residual das películas HABI-PU PR na região irradiada. As curvas de contraste da espessura residual das películas de HABI-PU PR com (a) a razão molar de TBHQ/HABI é 1,5, (b) a razão molar de TBHQ/HABI é 2, (c) a razão molar de TBHQ/HABI é 2,5, (d) a razão molar de TBHQ/HABI é 3, (e) a razão molar de TBHQ/HABI é 3,5. (f) A curva da E_o necessária para HABI-PU PR com diferentes proporções molares de TBHQ/HABI. Barras de erro, desvio padrão para 3 medições. A espessura da película foi medida pelo perfilador de passo.

Foram investigados os efeitos do teor de HABI da unidade de reticulação na resistência ao desenvolvimento e no desempenho fotolitográfico das películas de polímero HABI-PU PR. A E_o do HABI-PU PR diminuiu gradualmente de 4096 mJ/cm^2 para 256 mJ/cm^2 com o aumento da fração molar de HABI quando o TBHQ/HABI=3 foi mantido constante (Fig. 5- **11h~j**). Os resultados mostraram que o desempenho fotossensível do fotorresistente foi grandemente melhorado aumentando a densidade de HABI e TBHQ de forma síncrona na película de polímero HABI-PU PR. Entretanto, os padrões após litografia e revelação tornaram-se mais nítidos com o aumento da relação HABI, e a largura da linha da trincheira litográfica aproximou-se gradualmente da largura mínima da linha (1 um) da máscara (Fig. 5- **11k~m**).

Obviamente, o teor de HABI tem um efeito significativo na resolução do fotorresiste HABI-PU PR. Para garantir a extinção completa dos TPIRs, o TBHQ deve aumentar simultaneamente com o teor de HABI. No entanto, a superabundância de TBHQ também resultou na diminuição do rácio de retenção da película, como mencionado acima (Fig. **5-9b~c**). Como resultado, a densidade de reticulação do polímero não aumentou com o aumento do teor de HABI. Em contrapartida, a densidade de reticulação das redes HABI-PU PR seria reduzida devido ao excesso de TBHQ, o que levaria à deterioração da resistência ao desenvolvimento do HABI-PU. resistência ao desenvolvimento dos materiais HABI-PU PR. Além disso, após o processamento logarítmico da Fig. 5-11j, obtém-se a curva de contraste do HABI-PU PR quando a percentagem molar de HABI é de 12% e o contraste calculado é de cerca de 1,39 (Fig. 5-12). Em comparação com as resistências de amplificação química altamente sensíveis, o HABI-PU PR tem um contraste ligeiramente inferior [1,49]. No entanto, o contraste verificou mais uma vez a sensibilidade do HABI-PU PR à iluminação de 365 nm.

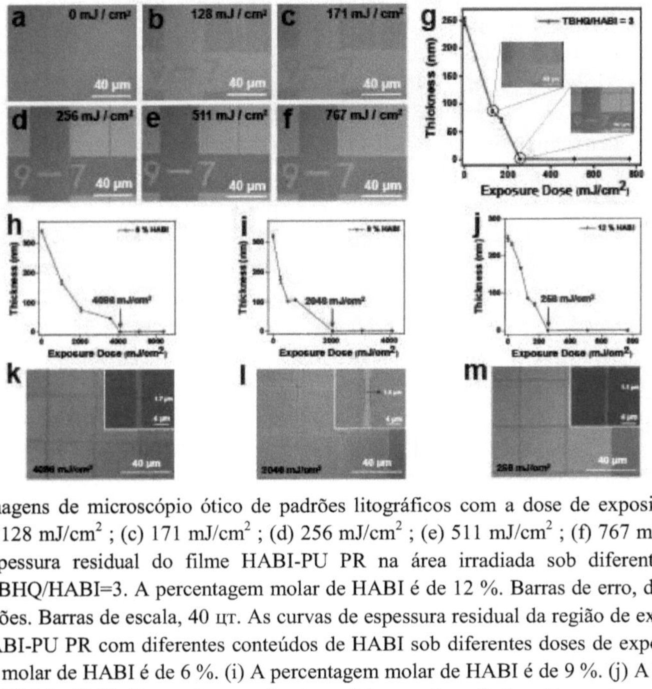

Fig. 5-11 Imagens de microscópio ótico de padrões litográficos com a dose de exposição de (a) 0 mJ/cm^2 ; (b) 128 mJ/cm^2 ; (c) 171 mJ/cm^2 ; (d) 256 mJ/cm^2 ; (e) 511 mJ/cm^2 ; (f) 767 mJ/cm^2 . (g) A curva de espessura residual do filme HABI-PU PR na área irradiada sob diferentes doses de exposição. TBHQ/HABI=3. A percentagem molar de HABI é de 12 %. Barras de erro, desvio padrão para 3 medições. Barras de escala, 40 µr. As curvas de espessura residual da região de exposição para materiais HABI-PU PR com diferentes conteúdos de HABI sob diferentes doses de exposição. (h) A percentagem molar de HABI é de 6 %. (i) A percentagem molar de HABI é de 9 %. (j) A percentagem molar de HABI é de 12 %. Barras de erro, desvio padrão para 3 medições. Com a dose de exposição *E0* das figuras (h) a (j), as imagens de microscópio ótico da película HABI-PU PR com diferentes teores de HABI após litografia e revelação. (k) A percentagem molar de HABI é de 6 %. Inserir: Imagens SEM. (l) A percentagem molar de HABI é de 9 %. Inserir: Imagens SEM. (m) A percentagem molar de HABI é de 12 %. Inserir: Imagens SEM. TBHQ/HABI=3.

A curva de contraste dose-dissolução do fotorresiste HBAI-PU é mostrada na Fig. 511j, onde a dose de exposição de compensação correspondente D2 (ou E_o) foi de cerca de 256 mJ/cm^2 , como mencionado. A dose de exposição limite D1 obtida a partir da curva de ajuste da Fig. 512 é de aproximadamente 49. O contraste (y) é de cerca de 1,39 (**y = | lg (256/49) |**$^{-1}$) de acordo com a fórmula de $\mathbf{y} = | \mathbf{lg(Di/Di)} |^{-1}$ [50,51].

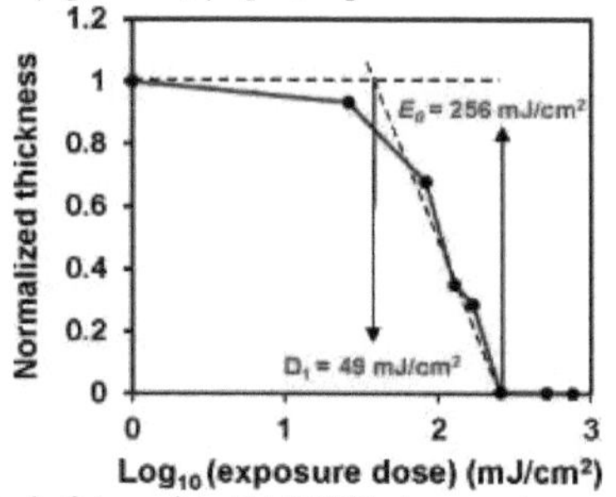

Fig. 5-12 A curva de contraste do fotorresiste HABI-PU. A percentagem molar de HABI é de 12%, a razão molar de TBHQ/HABI é de 3. O contraste calculado é de cerca de 1,39.

5.4 Conclusão

Em conclusão, foi desenvolvido um tipo de fotorresiste positivo, no qual o HABI e o TBHQ foram utilizados como fotossensibilizador e eliminador de radicais livres, respetivamente. Os filmes HABI- PU PR com uma resolução de pelo menos 1 цт podem ser obtidos ajustando a proporção de monómeros na mistura. Como unidade foto-responsiva, o HABI é sensível à luz UV, dando assim à fotorresistência HABI-PU PR uma excelente fotossensibilidade. A dose de exposição necessária para as resinas diminuiu com o aumento da percentagem molar de HABI nos sistemas poliméricos. Este é o primeiro exemplo de aplicação do HABI a uma resina fotossensível através da extinção de radicais livres TPIR, alargando a aplicação do HABI no domínio dos polímeros foto-responsivos. Para além disso, o HABI-PU PR não produz qualquer gás durante o processo de exposição e a sua síntese é relativamente simples. Proporciona uma ideia inovadora para o desenvolvimento de um sistema fotoresistente de polímero fotodegradável baseado em fotocomutadores de moléculas. Mas havia ainda muitos desafios a resolver para o HABI-PU PR. Por exemplo, a estrutura do polímero e os sequestradores de radicais têm de ser redesenhados para eliminar as reacções adversas dos sequestradores de radicais e dos monómeros. Embora o fotorresistente à base de HABI ainda apresente muitas deficiências em comparação com os fotorresistentes comerciais maduros, o fotorresistente à base de HABI demonstrou potencial na aplicação de dispositivos à escala micrométrica e no fabrico de micro-nano com requisitos moderados de dimensão crítica.

Referências

[1] Hinsberg, W. D.; Wallraff, G. M., Lithographic Resists. Em *Encyclopedia of Polymer Science and Technology*, **2012**.

[2] Ito, H., Chemical Amplification Resists for Microlithography (Resistências de amplificação química para microlitografia). Em Microlithography - Molecular Imprinting, Springer Berlin Heidelberg: Berlim, Heidelberg, **2005**; pp 37-245.

[3] Hanabata, M. Resinas à base de Novolac. *Adv. Mater. Opt. Electron.* **1994**, *4*, 75-82.

[4] Ito, H. Development of New Advanced Resist Materials for Microlithography (Desenvolvimento de novos materiais de resistência avançados para microlitografia). *J. Photopolym Sci. Technol.* **2008**, *21*, 475-491.

[5] Hanabata, M.; Uetani, Y.; Furuta, A. In Novolak Design For High Resolution Positive Photoresists(II): Modelo de parede de pedra para desenvolvimento de fotorresiste positivo, *Proc.SPIE*. **1988**; pp 349-354.

[6] Yu, J.; Xu, N.; Wei, Q.; Wang, L. Novos polímeros de éster acetal e sua aplicação para fotoresistências i-line amplificadas quimicamente de tom positivo. *J. Mater. Chem. C.* **2013**, *1*, 1160-1167.

[7] Xu, N.; Meng, L. Síntese de uma nova resistência quimicamente amplificada para litografia i-Line. *J. Jilin.Uni. Sci. Ed.* **2014**, *52*, 1073-1076.

[8] Li, H.; Zhou, Z.; Liu, J.; Zheng, X.; Xu, W.; Ji, C.; Shi, W.; Liu, R.; Liu, X. Novo fotorresistente de vidro molecular de um componente baseado em ciclotrifosfazeno contendo grupo t-butiloxicarbonilo para litografia i-line. *J. Polym. Res.* **2017**, *24*, 62.

[9] Zheng, X. F.; Ji, C. W.; Zeng, Q. T.; Liu, J. C.; Liu, R.; Mu, Q. D.; Liu, X. Y. Síntese de um novo copolímero baseado na polimerização por precipitação e sua aplicação em fotorresiste de tom positivo. *J. Polym. Res.* **2017**, *24*, 198.

[10] Li, H.; Zhou, Z.; Liu, J.; Xu, W.; Liu, R.; Liu, X. Síntese one-pot de fotorresistências de vidro molecular baseadas em в-ciclodextrina contendo um grupo t-builoxi carbonilo para litografia i-line. *Polym. Bull.* **2017**, *74*, 1091-1101.

[11] Hinsberg; W., D.; Houle; F., A.; Sanchez; M., I.; Wallraff; G., M. Aspectos químicos e físicos do processo de cozedura pós-exposição utilizado para resinas amplificadas quimicamente de tom positivo. *IBM J RES DEV.* **2001**, *45*, 667-682.

[12] Kuznetsova, N. A.; Malkov, G. V.; Gribov, B. G. Geradores de fotoácidos. Aplicação e estado atual de desenvolvimento. *Russ. Chem. Rev.* **2020**, *89*, 173-190.

[13] Hayashi, T.; Maeda, K.; Shida, S.; Nakada, K. Uma nova substância fototrópica e a sua ESR. *J. Chem. Phys.* **1960**, *32*, 1568.

[14] Cohen, R. L. Efeitos dos substituintes na reatividade dos radicais livres de triarilimidazolil em relação ao tris(2-metil-4-dietilaminofenil) metano. *J. Org. Chem.* **1971**, *36*, 22802284.

[15] Taro, H.; Koko, M.; Midori, M. O Mecanismo do Fotocromismo e Termocromismo de 2,2',4,4',5,5'-Hexafenil-1,1 '-biimidazolil. *Bull. Chem. Soc. Jpn.* **1964**, *37*, 1563-1564.

[16] White, D. M.; Sonnenberg, J. Oxidação de Triarilimidazóis. Estruturas dos dímeros fotocrómicos e piezocrómicos dos radicais triarilimidazilo1. *J. Am. Chem. Soc.* **1966**, *88*, 3825-3829.

[17] Taro, H.; Koko, M. Preparação de uma nova substância fototrópica. *Bull. Chem. Soc. Jpn.* **1960**, *33*, 565-566.

[18] Ueda, H. Electron Spin Resonance of Some Free Radicals and Related Negative Ions1a. *J. Phys. Chem.* **1964**, *68*, 1304-1310.

[19] Satoh, Y.; Ishibashi, Y.; Ito, S.; Nagasawa, Y.; Miyasaka, H.; Chosrowjan, H.; Taniguchi, S.; Mataga, N.; Kato, D.; Kikuchi, A.; Abe, J. Estudo de fotólise laser ultra-rápida sobre a dinâmica de fotodissociação de um derivado de hexa-arilbiimidazol. *Chem. Phys. Lett.* **2007**, *448*, 228-231.

[20] Iwahori, F.; Hatano, S.; Abe, J. Conceção racional de uma nova classe de HABI inibida por difusão com reação de retorno rápida. *J. Phys. Org. Chem.* **2007**, *20*, 857-863.

[21] Honda, S.; Toyota, T. Photo-triggered solvent-free metamorphosis of polymeric materials. *Nat. Commun.* **2017**, *8*, 502.

[22] Iwamura, T.; Sakaguchi, M. Um novo sistema de desvinculação de polímeros reticulados para polímeros lineares utilizando pressão ou irradiação de luz visível. *Macromolecules.* **2008**, *41*, 8995-8999.

[23] Ishii, N.; Kato, T.; Abe, J. Um material holográfico dinâmico em tempo real usando uma molécula fotocrómica rápida. *Sci Rep.* **2012**, *2*, 819.

[24] Gong, W.-L.; Xiong, Z.-J.; Li, C.; Zhu, M.-Q. Conceção, síntese e comutação de hexaarilbiimidazóis fluorescentes de largo espetro. *RSC. Adv.* **2014**, *4*, 64371-64378.

[25] Gong, W. L.; Yan, J.; Zhao, L. X.; Li, C.; Huang, Z. L.; Tang, B. Z.; Zhu, M. Q. Imagens de fluorescência de super-resolução dinâmica in situ controladas por um único comprimento de onda para nanoestruturas de copolímeros em bloco através de FRAP comutável por luz azul. *Photochem. Photobiol. Sci.* **2016**, *15*, 1433-1441.

[26] Gong, W. L.; Xiong, Z. J.; Xin, B.; Yin, H.; Duan, J. S.; Yan, J.; Chen, T.; Hua, Q. X.; Hu, B.; Huang, Z. L.; Zhu, M. Q. Fotocomutação dupla de fluorescência NIR e EPR com base no PMI-N-HABI para nanoimagem ótica de nanofios de polímero electrospun. *J. Mater. Chem. C.* **2016**, *4*, 2498-2505.

[27] Hua, Q.-X.; Xin, B.; Xiong, Z.-J.; Gong, W.-L.; Li, C.; Huang, Z.-L.; Zhu, M.-Q. Imagem de super-resolução da auto-montagem de macrociclos anfifílicos foto-comutáveis. *Chem. Commun.* **2017**, *53*, 2669-2672.

[28] Iwamura, T.; Nakamura, S. Síntese e propriedades de polímeros de acrilato reticuláveis à base de hexaarilbiimidazol. *Polymer.* **2013**, *54*, 4161-4170.

[29] Verstraeten, F.; Gostl, R.; Sijbesma, R. P Coloração induzida por stress e reticulação de materiais poliméricos por formação mecanoquímica de radicais trifenilimidazolil. *Chem. Commun.* **2016**, *52*, 8608-8611.

[30] Xiang, S. L.; Hua, Q. X.; Gong, W. L.; Xie, N. H.; Zhao, P. J.; Cheng, G. J.; Li, C.; Zhu, M. Q. Transformação fotoplástica baseada em química covalente dinâmica. *ACS Appl. Mater. Interfaces.* **2019**, *11*, 23623-23631.

[31] Xiang, S.-L.; Hua, Q.-X.; Zhao, P.-J.; Gong, W.-L.; Li, C.; Zhu, M.-Q. Molas e Actuadores de Poliuretano Fotoplástico Auto-Curativo. *Chem. Mater.* **2019**, *31*, 5081-5088.

[32] Xiang, S.-L.; Su, Y.-X.; Zhao, P.-J.; Li, C.; Zhu, M.-Q. Cisão induzida por luz visível e cicatrização rápida de elastómeros de poliuretano com base em unidades de hexa-arilbiimidazol foto-comutáveis. *Mater. Chem. Front.* **2021**, *5*, 1364-1372.

[33] Xiang, S.-L.; Su, Y.-X.; Yin, H.; Li, C.; Zhu, M.-Q. Hidrogéis isotrópicos acionados por luz visível como actuadores subaquáticos anisotrópicos. *Nano Energy.* **2021**, *85*, 105965.

[34] Randall, D.; Lee, S. The Polyurethanes Book (O Livro dos Poliuretanos). *Wiley.* **2002**, 330-336.

[35] Tersac, G. Chemistry and technology of polyols for polyurethanes (Química e tecnologia de polióis para poliuretanos). Milhail Ionescu. Rapra Technology, Shrewsbury, Reino Unido. *Polym. Int.* **2007**, *56*, 820-820.

[36] Wu, C. Y.; Lee, Y. C. Uma litografia de caneta de feixe sem abertura baseada numa matriz de microestruturas piramidais de poliuretano-acrilato (PUA) totalmente revestida de metal. *Opt. Express.* **2014**, *22*, 10593-10604.

[37] Li, H.; Luo, J.; Han, D.; Liu, A.; Zhou, M.; Huang, J.; Zhu, Y.; Hou, Z.; Yin, H. Ânodo de nanocubos de ZnS modificadores de heterocarbono camada por camada com vida útil prolongada melhorada para baterias de íon de sódio. *Ceram Int.* **2023**, *49*, 18421-18431.

[38] Yin, H.; Han, D.; Yu, X.; Cao, M.; Hou, Z.; Li, C.; Zhu, M.-Q. Recent Advances in Electrospun Metal Chalcogenide Anodes for Lithium-Ion and Sodium-Ion Batteries [Avanços Recentes em Ânodos de Calcogeneto de Metal Eletrofiados para Baterias de Íons de Lítio e Íons de Sódio]. *ACS Appl Energ Mater.* **2023**, *6*, 1155-1175.

[39] Liu, J. C.; Liu, Q. H.; Zheng, X. F.; Liu, R.; Mu, Q. D.; Liu, X. Y. Síntese de acrilato de poliuretano à base de dióis de policarbonato (PCDL) curáveis por UV para fotoresistências negativas. *Polym. Bull.* **2016**, *73*, 647-659.

[40]Liao, W.; Xu, C.; Wu, X.; Xiong, Y.; Li, Z.; Tang, H. D. A Realizable Green Strategy to Negative Polyurethane Photoresists through the Application of a Silicone Resin Photoinitiator. *ACS Appl. Polym. Mater.* **2021**, *3*, 929-936.

[41]Garcia-Fernandez, L.; Herbivo, C.; Arranz, V. S.; Warther, D.; Donato, L.; Specht, A.; del Campo, A. Dual Photosensitive Polymers with Wavelength-Selective Photoresponse. *Adv. Mater.* **2014**, *26*, 5012-5017.

[42]Mohanan, A.; Nickerson, M. T.; Ghosh, S. Estabilidade oxidativa do óleo de linhaça: Efeito de antioxidantes hidrofílicos, hidrofóbicos e de polaridade intermédia. *Food Chem.* **2018**, *266*, 524-533.

[43]Xu, X. L.; Bi, Y. L.; Wang, H. Y.; Li, J.; Xu, Z. Y. Transformação de TBHQ em banha de porco e óleos de soja durante o armazenamento à temperatura ambiente. *Eur. J. Lipid Sci. Technol.* **2019**, *121*, 1800510.

[44]Martinez, M. L.; Penci, M. C.; Ixtaina, V.; Ribotta, P. D.; Maestri, D. Efeito de antioxidantes naturais e sintéticos na estabilidade oxidativa do óleo de noz em diferentes condições de armazenamento. *LWT-Food Sci. Technol.* **2013**, *51*, 44-50.

[45]Monroe, B. M.; Weed, G. C. Photoinitiators for free-radical-initiated photoimaging systems. *Chem. Rev.* **1993**, *93*, 435-448.

[46]Kazuya, U.; Yasumasa, K.; Tadayoshi, K.; Sydney, G. S.; Andrew, J. B. In Structural effects of DNQ-PAC backbone on resist lithographic properties, *Proc.SPIE.* **1991**; pp 102-116.

[47]Ryotaro, H.; Yasunori, U.; Makoto, H. In Design of PACs for high-performance photoresists (I): role of di-esterified PACs having hindered -OH groups, *Proc.SPIE.* **1992**; pp 231-241.

[48]Ryotaro, H.; Yasunori, U.; Makoto, H. In Design of PACs for high-performance photoresists (II): effect of number and orientation of DNQs and -OH of PACs on lithographic performances, *Proc.SPIE.* **1993**; pp 227-234.

[49]Lee, E.; Hahn, J. W. O efeito do contraste do fotorresiste nos perfis de exposição obtidos com campos evanescentes de nanoaberturas. *J. Appl. Phys.* **2008**, *103*, 083550.

[50]Ronald, W. W.; Marie, C. F. In A Review Of Contrast In Positive Photoresists, *Proc.SPI.* **1985**; pp 291-298.

[51]Mark A. McCord, M. J. R., Handbook of microlithography, micromachining, and microfabrication. *IEEE Xplore* **1997**; Vol. 39.

MIX
Papier aus verantwortungsvollen Quellen
Paper from responsible sources
FSC® C105338

Printed by Books on Demand GmbH, Norderstedt / Germany